陕西省示范性高职院校建设
——石油化工生产技术专业实训教材

化工分析检测综合实训

孙忠娟　李恺翔　朱玉高　主编

U0315305

化学工业出版社

·北京·

全书采用项目化方式编写，主要内容包括玻璃仪器使用、带刻度玻璃仪器使用、加热仪器使用、基本测量仪器使用、化工分析检测综合实训基本操作、基础化学实训、煤化学实训、化学分析检验工（中级）技能鉴定等八个项目共计工作任务 69 项，注重培养学生的规范操作、团结合作、安全生产、节能环保等职业素质。

本教材适用于高职高专化工分析、化工技术类相关专业教学，也可用于工厂企业培训教材、自学教材及技能鉴定的培训教材，还可作为从事化学工业、环境监测、石油石化生产、化工分析类的技术人员及管理人员的参考书。

图书在版编目(CIP)数据

化工分析检测综合实训/孙忠娟，李恺翔，朱玉高主编 .—北京：化学工业出版社，2014.10
ISBN 978-7-122-22001-1

Ⅰ.①化…　Ⅱ.①孙…②李…③朱…　Ⅲ.①化学工业-分析方法　Ⅳ.①TQ014

中国版本图书馆 CIP 数据核字（2014）第 228312 号

责任编辑：旷英姿　刘心怡　　　　　　　　装帧设计：关　飞
责任校对：李　爽

出版发行：化学工业出版社（北京市东城区青年湖南街 13 号　邮政编码 100011）
印　　装：三河市延风印装厂
787mm×1092mm　1/16　印张 11¼　字数 256 千字　　2015 年 3 月北京第 1 版第 1 次印刷

购书咨询：010-64518888（传真：010-64519686）　　售后服务：010-64518899
网　　址：http://www.cip.com.cn
凡购买本书，如有缺损质量问题，本社销售中心负责调换。

定　　价：28.00 元

前　言

按照国家坚持"以服务为宗旨，以就业为导向"的职业教育办学方针、"关于全面提高高等职业教育教学质量"和"加强高职高专教育教材建设的若干意见"等文件精神，要求高职类院校要大力推行工学结合，突出实践能力培养，改革人才培养模式。改革的重点是要抓好教学过程的实践性、开放性和职业性，关键是要搞好实验、实训和实习三个环节，积极推行有利于增强学生能力的教学模式，以强化对学生职业能力的培养，提高学生的实际动手能力。教材建设是整个高职高专院校教育教学工作的基础，优质的实训教材更是师生教学活动的主要工具和基本依据，是全面提高教学效率与教学质量的关键因素，也是搞好教学过程的前提条件。而化学是一门以实验实训为基础的学科，为此，在本书的编写中，编者以应用为目的，以"必需、够用"为尺度，将全书分为基础化学、仪器操作、煤质分析三大部分，融"教、学、做"为一体，充分突出了实验、实训的要求，旨在通过教学，使学生在学习过程中直接感受并参与到实验实训中去，对他们的技能进行综合培养，以达到培养本专业技术应用型人才的目的。

本教材在编写过程中力求突出如下几个特点：

1. 充分考虑高职教育的特点，遵循"以职业为基础，以能力为本位"，以适度够用为原则设计教学内容；

2. 在内容编排力求做到思路简明清晰，在语言表述上力求深入浅出，重点突出，操作性强，注重教学与实践效果。

本教材由延安职业技术学院孙忠娟、李恺翔、朱玉高担任主编，延安职业技术学院武存喜、张巧风、李娇等骨干教师参与编写。本书在编写过程中得到了相关化工企业技术人员的大力支持，在此表示感谢。

由于编者水平有限，不妥之处在所难免，欢迎广大读者批评、指正。

编者
2014 年 6 月

目 录

化工分析检测综合实训须知

一、掌握学习方法

化学是一门实践性很强的学科。化学实验的目的，就是使学生通过亲自动手做实验、对实验现象的观察和分析，掌握化学实验的基本操作和技能，进一步加深对化学基本概念和基本理论的理解。通过独立操作和对实验数据、实验结果的处理和总结，培养学生独立工作和独立思考的能力。同时还可以培养学生实事求是的科学态度，理论联系实际的科学方法以及准确、细致、整洁等良好的实验习惯，使学生具有较高的科学实验素质，为以后的学习和工作打下坚实的基础。

要学好化学实验应有正确的学习方法，它包括以下几个方面。

1. 预习

认真阅读实验教材和参考资料中有关内容。

(1) 明确实验目的及有关的实验原理，了解实验内容、步骤、操作方法和注意事项。

(2) 简明扼要地写好预习报告。

2. 实验

认真正确地进行操作，细心观察实验现象，用已学过的知识判断、理解、分析和解决实验中所观察到的现象和所遇到的问题，培养分析问题和解决问题的能力。

(1) 应及时、如实并有条理地记录实验现象及数据。

(2) 遇到问题或实验结果与预测现象不符时，应查找原因，力争自己解决，在自己难以解决的情况下，请教指导教师。若实验失败，应找出原因，经指导教师同意，可重做。

(3) 在实验过程中，应保持肃静，严格遵守实验室的工作规则。

(4) 严格遵守实验室的各项规章制度，注意节约水、电和药品，爱护仪器和实验室各项设备。

3. 实验报告

实验报告包括如下内容。

(1) 实验目的。

(2) 实验原理。

(3) 实验内容或步骤，可用简图、表格、化学式或符号表示。

(4) 实验现象或数据记录。

(5) 解释、结论或讨论、数据处理或计算。性质实验要写出实验方程式；制备实验应计算产率；测定实验应进行数据处理并将结果与理论值相比较，并分析产生误差的原因。

二、遵守实验规则

（1）实验前应认真做预习，明确实验目的，了解实验内容及注意事项，写出预习报告。

（2）做好实验前的准备工作，清点仪器，如发现缺失，应报告指导教师，按规定手续向实验准备室补领。实验时仪器如有损坏，亦应按规定向实验准备室换领，并按规定进行适当的补偿。未经教师同意，不得随意拿其他位置上的仪器。

（3）实验时一定要保持肃静，集中思想，认真操作，仔细观察现象，如实记录，积极思考问题。

（4）实验时保持实验室和台面清洁整齐，火柴梗、废纸屑、废液、金属屑应倒在指定的地方，不能随手乱扔，更不能倒在水槽中，以免水槽或下水道堵塞、腐蚀或发生意外。

（5）实验时要爱护国家财务，小心正确地使用仪器和设备，注意节约水、电和药品。

（6）实验完毕后将玻璃仪器清洗干净，放回原处整理好桌面，经指导教师批准后方可离开。

（7）每次实验后由学生轮流值日，负责整理公用药品、仪器，打扫实验室卫生，清理实验后废物；检查水、电、煤气开关，关好门窗等。

（8）实验室内的一切物品（包括仪器、药品、产物等）不得带离实验室。

三、安全操作与意外事故处理

1. 安全守则

（1）熟悉实验室环境，了解电源、煤气总阀、急救箱和消防用品的位置及使用方法。

（2）一切易燃、易爆物品的操作应远离火源。

（3）能产生有刺激性、有毒和有恶臭气味的实验，应在通风橱内或通风口处进行。

（4）使用具有强腐蚀性的试剂，如强酸、强碱、强氧化剂等，应特别小心，防止溅在衣服、皮肤尤其是眼睛上。稀释浓硫酸时，应将浓硫酸慢慢注入水中，并不断搅动，切勿将水倒入浓酸中，以免因局部过热，使浓硫酸溅出，引起灼伤。

（5）嗅瓶中气味时，鼻子不能直接对着瓶口，应用手把少量气体轻轻地扇向自己的鼻孔。

（6）加热试管时，不能将管口对着自己或他人。不要俯视正在加热的液体，以防被意外溅出的液体灼伤。

（7）严禁做未经教师允许的实验，或将药品任意混合，以免发生意外。

（8）不用湿手去接触电源。水、电、煤气用完后应立即将开关关闭。

（9）严禁在实验室内进食、吸烟。实验用品严禁入口。实验结束后，必须将手洗净。

2. 意外事故的处理

（1）割伤：伤处不能用水洗，应立即用药棉擦净伤口（若伤口内有玻璃碎片，应先挑出），涂上紫药水（或红药水、碘酒，但红药水和碘酒不能同时使用），再用止血贴或纱布包扎，如果伤口较大，应立即去医院医治。

（2）烫伤：可用1%高锰酸钾溶液擦洗伤处，然后涂上医用凡士林或烫伤膏。

（3）化学灼伤：酸灼伤时，应立即用大量水冲洗，然后用3%～5%碳酸氢钠溶液（或稀氨水、肥皂水）冲洗，再用水冲洗，最后涂上医用凡士林。

碱灼伤时，应立即用大量的水冲洗，再依次用2%醋酸溶液（或3%硼酸溶液）、水冲洗，最后涂上医用凡士林。

（4）不慎吸入有刺激性气体或有毒气体（如氨、氯化氢），可立即吸入少量酒精和乙醚的混合蒸气，若吸入硫化氢气体而感到头晕等不适时，应立即到室外呼吸新鲜空气。

（5）触电：立即切断电源，必要时进行人工呼吸。

（6）起火：小火可用湿布或沙子覆盖燃烧物，火势较大时用泡沫灭火器。油类、有机物的燃烧，切忌用水灭火。电器设备着火，应首先关闭电源，再用防火布、砂土、干粉等灭火。不能用水和泡沫灭火器，以防触电。实验人员衣服着火时，不可慌张跑动，否则加强气流流动，使燃烧加剧，而应尽快脱下衣服，在地面打滚或跳入水池。

（7）毒物进入口中：将5～10mL稀硫酸铜溶液加入一杯温水中，内服后，用手指伸入咽喉部催吐，然后立即送医院。

四、有效数字简介

1. 有效数字

在化学实验中，经常用仪器来测量某些物理量，对测量数据所选取的位数，以及在计算时，该选几位数字，都要受到所用仪器的精确度的限制。从仪器上能直接读出（包括最后的一位估计读数在内）的几位数字通常称为有效数字。任何超越或低于仪器精确度的有效数字位数的数字都是不正确的。

例如，20mL量筒的最小刻度为1mL，两刻度之间可估计出0.1mL，测量溶液体积时，最多只能取到小数后第一位。如16.4mL，是三位有效数字。又如滴定管的最小刻度是0.1mL，两刻度之间可估计到0.01mL。这样，测量溶液体积时，可取到小数后第二位，如16.42mL，是四位有效数字。

以上这些测量值中，最后一位（即估计读出的）为可疑数字，其余为准确数字。所有的准确数字和最后一位可疑数字都称为有效数字。有效数字的位数可由下面几个数值来说明。

有效数字	0.18	0.018	1.80	1.08
有效数字的位数	2	2	3	3

从以上几个数字可看出，"0"只有在数字的中间或在小数的数字后面时，才是有效数字，而在数字前面时，只起定位作用，表示小数点的位置，并不是有效数字。

2. 有效数字的运算

（1）加减法 几个数据进行加减时，所得结果的有效数字的位数，应与各加减数中小数点后面位数最少者相同。

如，18.2154、2.561、4.52、1.002 相加，其中 4.52 的小数点后的位数最少，只有两位，所以应以它为标准，其余几个数也应根据四舍五入法保留到小数点后两位。即：

18.22＋2.56＋4.52＋1.00＝26.30

（2）乘除法　几个数据进行乘除运算时，所得结果的有效数字，应与各乘除数中有效数字最少的数相同，与小数点的位数无关。

如，34.64、0.0123、1.07892 相乘，其中 0.0123 的有效数字为三位，最少，所以应以它为标准进行计算。即：

34.6×0.0123×1.08＝0.460

在计算的中间过程，可多保留一位有效数字，以避免多次的四舍五入造成误差的积累。最后的结果再舍去多余的数字。

（3）对数运算　在对数运算中，真数的有效数字的位数与对数的尾数的位数相同，与首数无关。因为首数只起定位作用，不是有效数字。

如，pH＝4.80

$c(H^+)＝10^{-4.80}＝1.6×10^{-5}$ mol/L（取两位有效数字）

五、误差的概念

1. 准确度与误差

准确度是指测定值与真实值之间相差的程度，用"误差"表示。

误差越小，表示测量结果的准确度越高。反之，准确度就越低。

误差又分为绝对误差和相对误差，其表现方法如下。

绝对误差是测量值与真实值（理论值）之间的差值。

绝对误差＝测量值－真实值（理论值）

相对误差表示误差在测量结果中所占的百分率。测定结果的准确度常用相对误差来表示。

相对误差＝（测量值－真实值）/真实值×100%

绝对误差和相对误差都有正值和负值。正值表示测量结果偏高，负值表示测量结果偏低。

2. 精密度与偏差

精密度是指在相同条件下多次测定的结果互相吻合的程度，表现了测定结果的再现性。精密度用"偏差"表示。偏差越小说明测定结果的精密度越高。

绝对误差＝个别测量值－测量平均值

相对偏差＝绝对偏差/平均值×100%

偏差不计正、负号。

3. 误差的种类及其产生的原因

（1）系统误差　这种误差是由于某种固定的原因造成的，例如方法误差（由测定方法本身引起的）、仪器误差（仪器本身不够准确）、试剂误差（试剂不够纯）、操作误差（正常操作情况下，操作者本身的原因）。这些情况产生的误差，在同一条件下重复测定时会重复出现。

（2）偶然误差　这是由于一些难以控制的某些偶然因素引起的误差，如测定时温度、气压的微小波动，仪器性能的微小变化，操作人员对各份试样处理时微小差别等。由于引起的原因有偶然性，所以造成的误差是可变的，有时大有时小，有时是正值有时是负值。

除上述两类误差外，还有因工作疏忽、操作马虎而引起的过失误差，如试剂用错、刻度读错、砝码认错或计算错误等。这些都可引起很大的误差，应力求避免。

4. 准确度与精密度的关系

系统误差是测量中误差的主要来源，它影响测定结果的准确度。偶然误差影响结果的精密度。测定结果准确度高，一定要精密度好，表明每次测定结果的再现性好。若精密度很差，说明测定结果不可靠，已失去衡量准确度的前提。

有时，测定结果精密度很好，说明它的偶然误差很小，但不一定准确度就很高。只有在消除了系统误差之后，才能做到精密度既好，准确度又高。因此，在评价测量结果的时候，必须将系统误差和偶然误差的影响结合起来考虑，以提高测定结果的准确性。

项目一

玻璃仪器的使用

任务一 胶头滴管的使用

胶头滴管又称胶帽滴管，它是用于吸取或滴加少量液体试剂的一种仪器。胶头滴管由胶帽和玻璃滴管组成。有直形、直形有缓冲球及弯形有缓冲球等几种形式。胶头滴管的规格以管长表示，常用为90mm、100mm两种，如图1-1所示。

一、胶头滴管的拿法

使用胶头滴管的时候，必须注意到胶头滴管的拿法，一般我们用无名指和中指夹住滴管的颈部，用拇指和食指捏住胶头。这样中指和无名指固定好了滴管，拇指和食指可以控制好滴加液体的量。

二、液体的吸取

吸取液体时，应注意不要把瓶底的杂质吸入滴管内。操作时，应先把滴管拿出液面，再挤压胶头，排除胶头里面的空气，然后再深入到液面下，松开大拇指和食指，这样滴瓶内的液体在胶头的压力下吸入滴管内，从而避免瓶底的杂质被吸入，如图1-2所示。

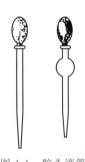

图1-1 胶头滴管

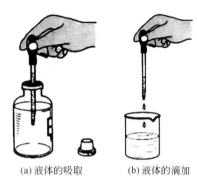

(a) 液体的吸取 (b) 液体的滴加

图1-2 胶头滴管的使用方法

三、液体的滴加

把液体滴加到试管中去时，注意不要带入杂质，同时也不要把杂质带入到滴瓶中。滴加液体时，应把胶头滴管垂直移到试管口的上方，注意滴管下端既不可离试管口很远，也不能伸入到试管内，滴管尖端必须与试管口平面在同一平面上并且垂直。轻轻地用拇指和食指挤压胶头，使液体滴入试管内。

四、胶头的放置

取用液体时，滴管不能倒转过来，以免试剂腐蚀胶头和沾污药品。滴管不能随意放在桌上，使用完毕后，要把滴管内的试剂排空，不要残留试剂在滴管中。然后插回滴瓶。每种试剂都应有专用的滴管，不得混用，用毕应该用清水洗净。

胶头滴管用于吸取和滴加少量液体；滴瓶用于盛放液体药品。胶头滴管用过后应立即洗净，再去吸取其他药品；滴瓶上的滴管与滴瓶配套使用。

用后将胶头滴管的尖端部分浸入烧杯里的蒸馏水里，用力挤压胶头排尽空气，松开胶头，这样重复几次，就可洗干净。

五、使用注意事项

（1）胶头滴管加液时，不能伸入容器，更不能接触容器。
（2）不能倒置，也不能平放于桌面上。应插入干净的瓶中或试管内。
（3）用完之后，立即用水洗净。严禁未清洗就吸取另一试剂。
（4）胶帽与玻璃滴管要结合紧密不漏气，若胶帽老化，要及时更换。

任务二 烧杯的使用

烧杯是盛装反应物的玻璃容器，用作较大量试剂的反应、蒸发部分液体和配制溶液，可在常温或加热时使用，如图1-3所示。烧杯的容积有50mL、100mL、250mL、500mL和1000mL等几种。

使用注意事项如下。

（1）烧杯外壁擦干后方可用于加热，加热时应放置在石棉网上，使受热均匀。

（2）烧杯内盛放液体的容量通常不超过容积的2/3。

（3）溶解物质搅拌时，玻璃棒不能触及杯壁或杯底。

（4）烧杯外壁有刻度时，可估计其内的溶液体积。

（5）有的烧杯在外壁上亦会有一小区块呈白色或是毛边化，在此区内可以用铅笔写字描述所盛物的名称。若烧杯上没

图1-3 烧杯

有此区时，则可将所盛物的名称写在标签纸上，再贴于烧杯外壁作为标识之用。

（6）当溶液需要移到其他容器内时，可以将杯口朝向有突出缺口的一侧倾斜，即可顺利地将溶液倒出。若要防止溶液沿着杯壁外侧流下，可用一枝玻璃棒轻触杯口，则附在杯口的溶液即可顺利的沿玻璃棒流下，如图1-4所示。

图1-4 向烧杯中倾倒液体

任务三 锥形瓶的使用

锥形瓶是一种在化学实验室中常见的玻璃瓶，外观呈平底圆锥状，下阔上狭，有一圆柱形颈部，上方有一较颈部阔的开口，有时可用由软木或橡胶造成的塞子封闭。

锥形瓶身上多有数个刻度，以标示所能盛载的容量。锥形瓶的大小以容积区分，常用为150mL、250mL等型号，如图1-5所示。

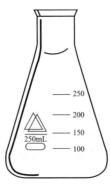

图1-5 锥形瓶

一、用途

锥形瓶为平底窄口的锥形容器，瓶体校长，底大而口小，盛入溶液后，重心靠下，极便于手持振荡，故常用于容量分析中作滴定容器，蒸馏实验中承接各种馏分、装配气体发生器或洗瓶，加棉花塞也可作为菌类培养瓶用。

二、使用注意事项

(1) 注入的液体最好不超过其容积的1/2，过多容易造成喷溅。

(2) 加热锥形瓶中所盛液体时，需垫石棉网。

(3) 振荡时，用右手拇指、食指、中指握住瓶颈，无名指轻扶瓶颈下部，手腕放松，手掌带动手指用力，作圆周形振动，如图1-6所示。

图1-6 滴定时锥形瓶的使用方法

（4）滴定实验达到终点时冲洗锥形瓶内壁：初步确定滴定终点并停止滴定后，用洗瓶冲洗滴定管尖嘴以及锥形瓶内壁，轻轻摇动锥形瓶，使滴定剂与被滴定物充分反应，再确定终点是否真正到达。

任务四　容量瓶的使用

容量瓶用于配制准确浓度的溶液。一般的容量瓶都是"量入"容量瓶，标有"In"（过去用"E"表示），当液体充满到瓶颈标线时，表示在所指温度（一般为293K）下。液体体积恰好与标称容量相等。另一种是"量出"容量瓶，标有"Ex"（过去用"A"），当液体充满到标线后，按一定的要求倒出液体，其体积恰好与瓶上的标称容量相同，这种容量瓶是用来量取一定体积的溶液用的。使用时应辨认清楚。

容量瓶使用前应检查瓶塞是否漏水。在瓶中放入自来水到标线附近，盖好塞子，左手按住塞子，右手指尖顶住瓶底边缘，倒立2min，观察瓶塞周围是否有水渗出。将瓶直立后，转动瓶塞约180°，再试一次。不漏水的容量瓶才能使用。为了避免打破磨口玻璃塞，应用线绳把塞子系在瓶颈上，平头玻璃塞可倒立于桌面上。

容量瓶的洗涤方法与吸管相同。尽可能只用水冲洗，必要时才用洗液浸洗。倒入10~20mL洗液，边转动边将瓶口倾斜，至洗液布满全部内壁，放置几分钟，将洗液由上口慢慢倒出，边倒边转，使洗液在流经瓶颈时，布满全颈。然后用自来水冲洗，蒸馏水荡洗3次。

配制溶液时，若固体试样（试剂）易溶解，且溶解时没有很大的热效应，则可用漏斗将试样直接倒入容量瓶中溶解。一般将称好的固体试样溶解在烧杯中，冷至室温后定量地转移到容量瓶中。转移时，要顺着玻璃棒加入。玻璃棒的顶端靠近瓶颈内壁，使溶液顺壁流下，待溶液全部流完后，将烧杯轻轻向上提，同时直立，使附着在玻璃棒和烧杯嘴之间的1滴溶液收回到烧杯中。

用洗瓶洗涤玻璃棒、烧杯壁3次，每次的洗涤液都转移到容量瓶中，再加蒸馏水到容量瓶容积的2/3。右手拇指在前，中指、食指在后，拿住瓶颈标线以上处，直立旋摇容量瓶，使溶液初步混合（此时切勿加塞倒立容量瓶）。然后慢慢加水到接近标线1cm左右，等1~2min，使黏附在瓶颈上的水流下，用滴管伸入瓶颈，但稍向旁侧倾斜，使水顺壁流下，直到弯月面最低点和标线相切为止。盖好瓶塞，左手大拇指在前，中指及无名指、小指在后，拿住瓶颈标线以上部分，而以食指压住瓶塞上部，用右手指尖顶住瓶底边缘。如容量瓶小于100mL，则不必用手顶住，将容量瓶倒转，使气泡上升到顶，此时将瓶振荡，再倒转仍使气泡上升到顶，如此反复倒转十余次即可。

如稀释溶液，则用吸管吸取一定体积的溶液，放入瓶中后，按上述方法冲稀至标线。容量瓶的使用方法如图1-7所示。

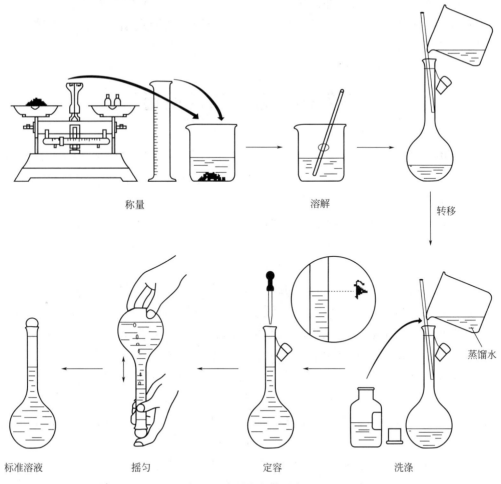

| 称量 | | 溶解 | | 转移 |

蒸馏水

| 标准溶液 | 摇匀 | 定容 | 洗涤 |

图 1-7　容量瓶的使用方法

任务五　表面皿的使用

表面皿是玻璃制的，不耐高热，圆形状，中间稍凹，与蒸发皿相似，其规格以表面直径表示，常用为 60mm 和 100mm 两种，如图 1-8 所示。

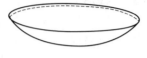

图 1-8　表面皿

一、用途

（1）表面皿可以用来做一些蒸发液体的工作的，它可以让液体的表面积加大，从而加快蒸发，但是不能像蒸发皿那样可直接加热，需要加石棉网。

（2）表面皿可以作盖子，盖在蒸发皿或烧杯上，防止加热的液体太快蒸发或是遮蔽掉落的灰尘。使用时应使凹面向上，如此蒸发上来的蒸气在表面皿上冷凝时，可以滴回杯内而不致沿杯壁外流，外流的冷水有时会在烧杯的底部造成烧杯因温差过大而破裂。

（3）表面皿可以作容器，暂时呈放固体或液体试剂，方便取用。

（4）表面皿也可用来取代称量纸或是称量盘，在天平称取固体试剂时盛装固体。

（5）表面皿可以作承载器，用来承载 pH 试纸，使滴在试纸上的酸液或碱液不腐蚀实验台。

（6）在分析化学中，两块相同大小的表面皿也可用作气室使用。

（7）表面皿也可用作拌和物料的器皿。

二、使用注意事项

（1）覆盖容器时，凹面要向上，以免滑落。

（2）表面皿不可直火加热。

任务六　蒸发皿的使用

蒸发皿由瓷、石英以及铁、铂等材料制作，容量在 $20\sim120mL$ 之间，如图 1-9 所示。

一、用途

蒸发皿用于蒸发、浓缩液体或干燥固体。蒸发皿可用坩埚钳夹持，放在三角架上直接加热，也可垫上石棉网。

二、使用注意事项

（1）可直接加热，待液体接近蒸发完时，需垫石棉网加热或用小火加热。

（2）虽耐高温，但不能骤冷。

（3）盛液量不应超过蒸发皿容积的 2/3。

（4）取、放蒸发皿应使用坩埚钳。

（5）向蒸发皿中引入液体时要将玻璃棒紧紧平贴烧杯，如图 1-10 所示。

图 1-9　蒸发皿

图 1-10　向蒸发皿中倾倒液体

任务七　坩埚的使用

坩埚是用极耐火的材料（如黏土、石墨、瓷土或较难熔化的金属）所制的器皿或熔化罐，为一深底的碗状容器，如图1-11所示。

图1-11　坩埚

一、用途

坩埚用于高温灼烧固体，比玻璃器皿更能承温。

二、使用注意事项

（1）坩埚因其底部很小，在使用时，应用坩埚钳夹持，放到铁架台铁环上的泥三角上加热，瓷坩埚不能用于灼烧强碱性物质，铁坩埚不宜灼烧强酸性物质。

（2）取、放坩埚应使用坩埚钳。坩埚强热后不可立刻将其置于冷的金属桌面上，以避免它因受冷而破裂。也不可立即放在木质桌面上，以避免烫坏桌面或是引起火灾。正确的做法为留置在泥三角架上自然冷却，或是放在石棉心网上令其慢慢冷却。

任务八　研钵的使用

研钵就是实验中研碎实验材料的容器，配有钵杵，常用的为瓷制品，也有玻璃、玛瑙、氧化铝、铁的制品，如图1-12所示。其规格用口径的大小表示。

一、用途

研钵用于研磨固体物质或进行粉末状固体的混合。

二、使用注意事项

（1）按被研磨固体的性质和产品的粗细程度选用不同质料的研钵。一般情况用瓷制或玻璃制研钵，研磨坚硬的固体时用铁制研钵，需要非常仔细地研磨较少的试样时用玛瑙或

图1-12　研钵

氧化铝制的研钵。注意，玛瑙研钵价格昂贵，使用时应特别小心，不能研磨硬度过大的物质，不能与氢氟酸接触。研磨时，不得用杵敲击；需混合几种物质（特别是其中有易燃物或强氧化剂）时，须将几种物质分别研细后再混合。

（2）进行研磨操作时，研钵应放在不易滑动的物体上，研杵应保持垂直。大块的固体只能压碎，不能用研杵捣碎，否则会损坏研钵、研杵或将固体溅出。易爆物质只能轻轻压碎，不能研磨。研磨对皮肤有腐蚀性的物质时，应在研钵上盖上厚纸片或塑料片，然后在其中央开孔，插入研杵后再行研磨。

（3）研钵中盛放固体的量不得超过其容积的1/3。

（4）研钵不能进行加热，尤其是玛瑙制品，切勿放入电烘箱中干燥。

（5）洗涤研钵时，应先用水冲洗，耐酸腐蚀的研钵可用稀盐酸洗涤。研钵上附着难洗涤的物质时，可向其中放入少量食盐，研磨后再进行洗涤。

任务九　细口、广口试剂瓶的使用

细口、广口瓶是用于盛放试剂的玻璃容器，瓶口内侧磨砂，如图 1-13 所示。广口瓶用于盛放固体试剂，还可以用来收集气体；细口瓶用于存放液体试剂。

一、用途

细口、广口瓶有透明和棕色两种，棕色瓶用于盛放需避光保存的试剂。

二、使用注意事项

（1）由于瓶口内侧磨砂，跟玻璃磨砂塞配套，存放碱性试剂时，要用橡胶塞，不能用玻璃塞。

图 1-13　细口、广口试剂瓶

（2）不能用于加热。

（3）取用试剂时，瓶塞要倒放在桌上，用后加塞塞紧，必要时密封。

任务十　普通漏斗的使用

漏斗又称三角漏斗，如图 1-14 所示。它是用于向小口径容器中加液或配上滤纸作过滤器而将固体和液体混合物进行分离的一种仪器。

图 1-14　普通漏斗

漏斗有短颈、长颈之分，但都是圆锥体，圆锥角一般在 $57°\sim60°$ 之间。做成圆锥体是为了既便于折放滤纸，在过滤时又便于保持漏斗内液体常具一定深度，从而保持滤纸两边有一定压力差，有利滤液通过滤纸。

为了使滤液通过滤纸的时间加快，还有的漏斗在圆锥内壁制有数条直渠或弯渠，这类漏斗又叫波纹漏斗。常用的一般是三角漏斗。漏斗的规格用直径表示，常见为 40mm、60mm 和 90mm 三种。

使用注意事项如下。

（1）过滤时，漏斗应放在漏斗架上，其漏斗柄下端要紧贴承接容器内壁，滤纸应紧贴漏斗内壁，滤纸边缘应低于漏斗边缘约 5mm，事先用蒸馏水润湿使不残留气泡。

（2）倾入分离物时，要沿玻璃棒引流入漏斗，玻璃棒与滤纸三层处紧贴。分离物的液面要低于滤纸边缘。

（3）漏斗内的沉淀物不得超过滤纸高度，以便于过滤后洗涤沉淀。

（4）漏斗不能直火加热。若需趁热过滤时，应将漏斗置于金属加热夹套中进行。若无金属夹套，事先把漏斗用热水浸泡预热方可使用。

任务十一　安全漏斗的使用

安全漏斗又叫长颈漏斗，如图1-15所示。它用于加液，也常用于装配气体发生器。

安全漏斗多为直形，还有环颈、环颈单球、环颈双球几种。其构造特点一是颈长，可容纳较多液体，不致溢出，避免事故发生。二是颈部贮存液体，对发生器内的气体可起液封安全作用，故称安全漏斗。安全漏斗的规格一般是斗径40mm、全长约300mm。

使用注意事项如下。

（1）不能直接用火加热。

（2）装配气体发生器时，应配上合适的塞子于颈部，长颈末端应始终保持浸入液面以下。配启普发生器时，不一定要浸液面下。

图1-15　长颈漏斗

任务十二　分液漏斗的使用

分液漏斗是用普通玻璃制成，有球形、梨形和筒形等多种式样，如图1-16所示。规格有50mL、100mL、150mL和250mL等。球形分液漏斗的颈较长，多用做制气装置中滴加液体的仪器。梨形分液漏斗、筒形分液漏斗多用于分液操作使用。球形分液漏斗既作加液使用，也常用于分液时使用。

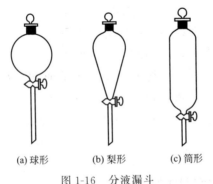

(a) 球形　　　(b) 梨形　　　(c) 筒形

图1-16　分液漏斗

使用注意事项如下。

（1）分液漏斗在使用前要将漏斗颈上的旋塞芯取出，涂上凡士林，插入塞槽内转动使油膜均匀透明，且转动自如。然后关闭旋塞，往漏斗内注水，检查旋塞处是否漏水，不漏水的分液漏斗方可使用。使用时，左手虎口顶住漏斗球，用拇指食指转动活塞控制加液。此时玻璃塞的小槽要与漏斗口侧面小孔对齐相通，以便加液顺利进行。

（2）漏斗内加入的液体量不能超过容积的 3/4。为防止杂质落入漏斗内，应盖上漏斗口上的塞子。放液时，磨口塞上的凹槽与漏斗口颈上的小孔要对准，这时漏斗内外的空气相通，压强相等，漏斗里的液体才能顺利流出。

（3）作加液器时，漏斗下端不能浸入液面下。

（4）振荡时，塞子的小槽应与漏斗口侧面小孔错位封闭塞紧。分液时，下层液体从漏斗颈流出，上层液体要从漏斗口倾出。

（5）长期不用分液漏斗时，应在活塞面加夹一纸条防止粘连。并用一橡皮筋套住活塞，以免失落。

任务十三　布氏漏斗的使用

布氏漏斗是用于减压过滤的一种瓷质仪器，如图 1-17 所示。布氏漏斗常与吸滤瓶配套，用于滤吸较多量固体时使用。

布氏漏斗的规格以斗径和斗长表示，常用为 20mm×60mm、25mm×65mm、32mm×75mm。

使用注意事项如下。

（1）使用布氏漏斗进行减压过滤时，要在漏斗底上平放一张比漏斗内径略小的圆形滤纸，使底上细孔被全部盖住。事先用蒸馏水润湿，特别要注意滤纸边缘与底部紧贴。

图 1-17　布氏漏斗

（2）布氏漏斗要用一个大小相宜的单孔橡胶塞紧套在漏斗颈上与配套使用的吸滤瓶相连。

任务十四　吸滤瓶的使用

吸滤瓶又叫抽滤瓶，它与布氏漏斗配套组成减压过滤装置时作承接滤液的容器，如图 1-18 所示。

图 1-18　吸滤瓶

吸滤瓶的瓶壁较厚，能承受一定压力。它与布氏漏斗配套后，一般用抽气机或水流抽气管（又称水流泵、射水泵，俗名水吹子）减压。在抽气管与吸滤瓶之间也常再连接一个二口瓶作缓冲器，以防止倒流现象。

吸滤瓶的规格以容积表示，常用为 250mL、500mL 及 1000mL 几种。

使用注意事项如下。

（1）安装时，布氏漏斗颈的斜口要远离且面向吸滤瓶的抽气嘴。抽滤时速度（用流水控制）要慢且均匀，滤液不能超过抽气嘴。

（2）抽滤过程中，若漏斗内沉淀物有裂纹时，要用玻璃棒及时压紧消除，以保证吸滤瓶的低压，便于吸滤。

任务十五　烧瓶的使用

圆底烧瓶最常用于有机合成和蒸馏。梨形烧瓶用途与圆底烧瓶相似，其特点是在合成少量有机物时，烧瓶内可保持较高液面，蒸馏时残留在烧瓶中的液体量少。锥形瓶常用于重结晶操作。三口烧瓶有直形、斜形、梨形三种，最常用于进行搅拌的实验。使用时应在石棉网上或热浴中加热，如图1-19所示。

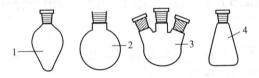

图1-19　各种烧瓶

1—梨形烧瓶；2—圆底烧瓶；3—斜形三口烧瓶；4—锥形瓶

任务十六　点滴板的使用

点滴板是带有孔穴（或凹穴）的瓷板或厚玻璃板，有白色和黑色两种，在化学分析做显色或沉淀点滴实验时用，如图1-20所示。点滴板有6孔、9孔、12孔等规格，因此在同一块板上能做几个反应，这样不仅便于比较，而且便于做对照试验和空白试验。

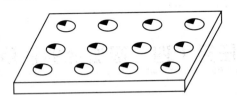

图1-20　点滴板

使用注意事项如下。

（1）点滴反应在孔穴内进行，有色沉淀用白瓷板，白色或黄色沉淀用黑瓷板。

（2）不能用于需要加热的反应。

项目二
带刻度玻璃仪器的使用

任务一　量筒的使用

一、用途

量筒是用来量取一定体积（不是很准确）的液体，如图 2-1 所示。

图 2-1　量筒

二、使用方法

量液时，量筒应放平稳，观察和读取刻度时，视线要跟量筒内液体的凹液面的最低处保持水平（如图 2-2）；如果仰视或俯视都会造成读数误差。

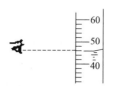

图 2-2　读刻度时要平视

使用小量筒量取一定量液体时，当注入液体量接近所需容积刻度线时，应改用一洁净滴管将液体滴至所需刻度。

三、注意事项

使用时应竖直放于实验台上，读数时视线应与液面水平，读取与弯月面相切的刻度，不可量热的溶液或液体，不能直接加热，也不可作为反应器使用。

取用一定量的液体，一般可用量筒量出其体积，选用量筒的规格视所量液体体积大小而定。量筒的标称容量越大其分度值越大，则精度越低；反之容量越小其分度值越小，则精度越高。

任务二 量杯的使用

量杯是玻璃制的，有两种型式（如图 2-3 所示）。面对分度表时，量杯倾液嘴向右，便于左手操作，称为左执式量杯。倾液嘴向左，则称为右执式量杯。250mL 以内的量杯均为左执式，500mL 以上者，则属于右执式。

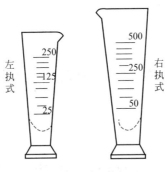

图 2-3 量杯

量杯的分度不均匀，上密下疏，最大容积值刻于上方，最低标线为最大容积值的，无零刻度。它是量器中精度最差的一种仪器。其规格以容积区分，常用 20mL、250mL 和 500mL 几种。

一、用途

（1）量杯属量出式量器，它用于量度从量器中排出液体的体积。排出液体的体积为该液体在量器内时从刻度值读取的体积数。

（2）量杯口大，还可以用于物理中与浮力等有关水的实验。

二、使用注意事项

（1）量取液体应在室温下进行。读数时，视线应与液体弯月面底部相切。

（2）量杯不能加热，也不能盛装热溶液，以免炸裂。

（3）当物质溶解时，其热效应不大者，可将其直接放入量杯内配制溶液。

任务三 移液管与吸量管的使用

要求准确地移取一定体积的液体时，可以使用移液管或吸量管。

移液管是中间有一膨大部分（称为球部）的玻璃管 [图 2-4（a）]，球部上下均为较细的管颈，管颈上部刻有线线，在标明的温度下，当吸取溶液至弯月面与标线相切后，让溶液自然流出，此时所放出溶液的体积即等于管上所标的体积。常用的移液管有 5mL、10mL、25mL 和 50mL 等规格。吸量管是具有分刻度的玻璃管 [图 2-4（b）]，它

(a)　(b)

图 2-4　吸量管和移液管示意图

一般只用于量取小体积的溶液。常用的吸量管有 1mL、2mL、5mL、10mL 等规格。吸量管吸取溶液的准确度不如移液管。

移液管和吸量管在使用前应洗涤至内壁不挂水珠，以免影响所量液体的体积。移液管和吸量管的使用如下。

1. 移液管和吸量管的润洗

移取溶液前，可用滤纸将洗干净的管的尖端内外的水除去，然后用待吸溶液润洗三次。方法是：左手拿吸耳球，将食指和拇指放在吸耳球的上方，其余手指自然地握住吸耳球，用右手拇指及中指拿住移液管或吸量管的标线以上部位，无名指及小指辅助拿住移液管，将吸耳球对准移液管管口，将管尖伸入到溶液中吸取，待吸液吸至球部的 1/4 处（勿使溶液流回，以免稀释溶液）时，用右手食指按住管口，取出后把管横放，左右两手的拇指和食指分别拿住管的上下两端，转动管子使溶液布满全管，然后直立，将溶液从尖口放出。如此反复润洗三次。润洗的目的是使管的内壁及有关部位保证与待吸溶液处于同一体系浓度状态。吸量管的润洗操作与此相同。

2. 移取溶液操作

管经润洗后，移取溶液时，将管直接插入待吸溶液液面下 1～2cm。管尖不应伸入太深，以免外壁沾有过多液体；也不应伸入太浅，以免液面下降时吸空。吸液时，应注意容器中液面和管尖的位置，应使管尖随液面下降而下降。当吸耳球慢慢放松时，管中的液面徐徐上升，当液面上升至标线以上时，迅速移去吸耳球。与此同时，用右手食指堵住管口，左手改拿盛待吸液的容器。然后，将移液管往上提气，使之离开液面，并将管的下部原伸入溶液的部分沿待吸液容器内部轻转两圈，以除去管壁上的溶液。然后使容器倾斜成约 45°，使内壁与移液管尖紧贴，此时右手食指微微松动，使液面缓慢下降，直到视线平视时弯月面与标线相切，这时立即用食指按紧管口。移开待吸液容器，左手改拿接受溶液的容器，并将接收器倾斜，使内壁紧贴移液管尖，成 45°左右。然后放松右手食指，使溶液自然地顺壁流下。待液面下降到管尖后，等 15s 左右，移开移液管。这时尚可见管尖部位仍留有少量溶液，对此，除特别注明"吹"字的移液管以外，一般此管尖部位留存的溶液是不能吹入接收器中的，因为在工厂生产检定移液管时是没有把这部分体积算进去的，操作如图 2-5 和图 2-6 所示。

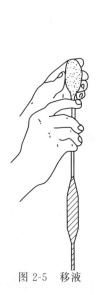

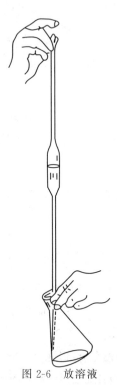

图 2-5　移液　　　　　　　　　　图 2-6　放溶液

　　吸量管的用法与移液管基本相同。使用吸量管时，通常是使液面从它的最高刻度降至另一刻度，使两刻度间的体积恰为所需的体积。在同一实验中尽可能使用同一吸量管的同一部位，且尽可能用上面部位，而不用末端收缩部位。移液管和吸量管用毕，应立即洗净，放在管架上。

任务四　滴定管的使用

一、滴定管的操作

　　滴定管按用途分为酸式滴定管和碱式滴定管。酸式滴定管用玻璃活塞控制流速；碱式滴定管用玻璃珠控制流速，如图 2-7 所示。酸式滴定管用于酸或氧化剂溶液；碱式滴定管用于碱或还原剂溶液。

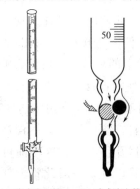

(a) 酸式滴定管　(b) 碱式滴定管

图 2-7　滴定管控制流速示意图

二、酸式滴定管的准备

1. 洗涤

　　若无明显油污，可用洗涤剂溶液荡洗；若有明显油污，可用铬酸溶液洗。加入 5~10mL 洗液，边转动边将滴定管放平，并将滴定管口对着洗液瓶口，以防洗液洒出。洗净后将一部分洗液从管口放回原瓶，最后打开活塞，将剩余的洗液放回原瓶，必要时可加满洗液浸泡一段时间。用各种洗涤剂清洗后，都必须用自来水充分洗净，并将管外壁擦干，以便观察内壁是否挂水珠。若挂水珠说明未洗干净，必须重洗。

2. 涂油

取下活塞上的橡胶圈，取出活塞，用吸水纸将活塞和活塞套擦干，将酸管放平，以防管内水再次进入活塞套。用食指蘸取少许凡士林，在活塞的两端各涂一薄层凡士林，如图 2-8(a) 所示。也可以将凡士林涂抹在活塞的大头上，另用纸卷或火柴梗将凡士林涂抹在活塞套的小口内侧，如图 2-8(b) 所示。将活塞插入活塞套内，按紧并向同一方向转动活塞，直到活塞和活塞套上的凡士林全部透明为止。套上橡胶圈，以防活塞脱落打碎，如图 2-8(c) 所示。

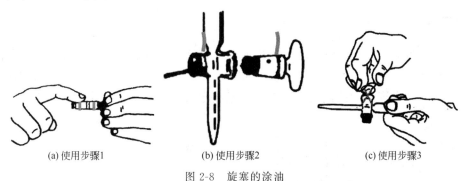

(a) 使用步骤1　　　　　　(b) 使用步骤2　　　　　　(c) 使用步骤3

图 2-8　旋塞的涂油

3. 检漏

用自来水充满滴定管，夹在滴定管夹上直立 2min，仔细观察有无水滴滴下或从缝隙渗出。然后将活塞转动 180°，再如前法检查。如有漏水现象，必须重新涂油。

4. 蒸馏水洗滴定管

涂油合格后，用蒸馏水洗滴定管 3 次，每次用量分别为 10mL、5mL、5mL。洗时，双手持滴定管两端无刻度处，边转动边倾斜，使水布满全管并轻轻振荡。然后直立，打开活塞，将水放掉，同时冲洗出口管。

三、碱式滴定管的准备

1. 检查

检查乳胶管和玻璃球是否完好，若乳胶管已老化，玻璃球过大（不易操作）或过小（漏水），应予更换。

2. 洗涤

需要用铬酸洗液洗涤时，可除去乳胶管，用旧橡胶乳头套在下端管口上进行洗涤。在用自来水冲洗或用蒸馏水清洗碱管时，捏乳胶管时应不断改变方位，使玻璃球的四周都洗到。

四、操作溶液的装入

（1）用欲装溶液将滴定管漂洗 3 次（洗法与用蒸馏水漂洗相同）。

（2）将溶液直接倒入滴定管中。

（3）赶气泡。

① 酸式滴定管赶气泡的方法　右手拿住上部，使滴定管倾斜30°，左手迅速打开活塞，让溶液冲出，将气泡带走。

② 碱式滴定管赶气泡的方法　左手拇指和食指拿住玻璃珠中间偏上部位，并将乳胶管向上弯曲，出口管斜向上，同时向一旁压挤玻璃珠，使溶液从管口喷出（如图2-9所示），随之将气泡带走，再一边捏乳胶管一边将其放直。当乳胶管放直后再松开拇指和食指，否则出口管仍会有气泡。最后将滴定管外壁擦干。

图2-9　碱式滴定管赶气泡方法

五、滴定管的读数

手拿管上部无刻度处，使滴定管保持垂直。无色或浅色溶液，读弯月面下缘最低点的数值，且眼睛与此最低点在同一水平上，如图2-10所示。若溶液颜色太深（如 $KMnO_4$ 溶液、I_2 溶液等），可读液面两侧的最高点。常量滴定管读数必须读出小数点后第二位。

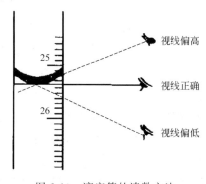

图2-10　滴定管的读数方法

六、滴定管的操作方法

1. 酸式滴定管

无名指和小指向手心方向半弯曲、轻轻贴在尖嘴左侧。拇指在活塞柄的靠近操作者一侧，食指和中指在活塞柄的另一侧，在转动活塞的同时，中指和食指应稍微弯曲，轻轻往手心方向用力，防止活塞松脱，造成漏液，如图2-11所示。

2. 碱式滴定管

左手无名指及小指夹住末端玻璃尖管，拇指与食指向一侧捏乳胶管，使溶液在玻璃球旁空隙处流出。不要用力捏玻璃珠，也不能使玻璃珠上下移动，尤其不要捏玻璃珠下部的乳胶管，如果这样会在停止滴定、松开手时吸进气泡，造成体积测量错误，如图2-12所示。

无论使用哪种滴定管，都必须掌握下面3种加液方法：逐滴连续滴加，如图2-13（a）所示；只加一滴，如图2-13（b）所示；使液滴悬而未落，用瓶内壁沾下，用蒸馏水冲下，然后摇匀，加入了半滴，如图2-14所示。

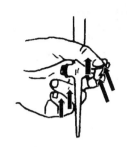

图 2-11　酸式滴定管的操作方法

图 2-12　碱式滴定管的操作方法

(a) 逐滴连续滴加　　　(b) 只加一滴

图 2-13　加液方法

图 2-14　加半滴液体的方法

七、滴定操作

滴定前应观察滴定管尖端是否悬挂液滴，若有，应用锥形瓶外壁沾下。滴定时一般用左手握滴定管，如图 2-15 所示。

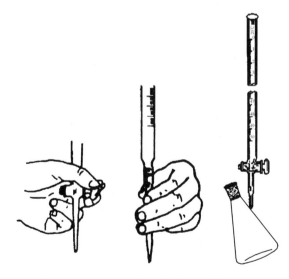

图 2-15　去掉滴定管尖端悬挂液滴的方法

右手前三指拿住锥形瓶颈，使瓶底离滴定台 1～3cm，调节滴定管的高度，使滴定管的下端伸入瓶口约 1cm。左手按上述方法滴加溶液，右手运用腕力摇动锥形瓶，边滴加边摇动，摇动时使溶液向同一方向作圆周运动，眼睛注意溶液落点周围颜色的变化，开始时，滴定速度可稍快些，但不能流成"水线"，如图 2-16 所示。

接近终点时，应改为加一滴、摇几下。最后，每加半滴、即摇动锥形瓶。直至溶液出现明显的颜色变化。在烧杯中进行滴定时，将烧杯放在白瓷板上，调节滴定管高度，使滴定管下端伸入烧杯约1cm。滴定管下端应在烧杯中心的左后方，但不能接触过近。在左手滴加溶液的同时，右手不断地作圆周搅拌，加入半滴溶液时，用玻璃棒末端承接半滴溶液，放入溶液中搅拌，如图2-17所示。

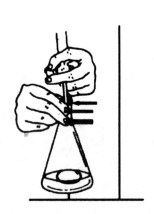

图 2-16　滴定的操作方法

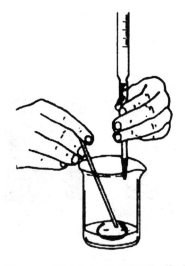

图 2-17　接近终点时的滴定方法

项目三
加热仪器的使用

任务一　酒精灯的使用

一、酒精灯的构造、性能和使用方法

在化学实验中，酒精灯是最常用的加热工具。它由灯体、陶瓷灯芯管和灯帽三部分组成（如图 3-1 所示）。酒精通过一束灯芯线靠毛细作用汲上，点燃后产生火焰，其最高温度可达 800℃。酒精灯点燃后，其火焰可分为外焰、内焰和焰心三部分。外焰燃烧最充分，温度最高，呈淡蓝色；内焰燃烧不充分，温度较低，呈黄色且较明亮；焰心是未燃烧的酒精蒸气，温度最低。

图 3-1　酒精灯

酒精为易燃液体，使用酒精灯时应注意以下几项。

（1）使用前，先要检查一下灯芯，如果灯芯顶端不平或已烧焦，就要剪去少许。然后用镊子调整灯芯。灯芯露头多则火焰大，反之则火焰小（如图 3-2 所示），可根据实验需要加以调整。还要检查灯里的酒精量。

（2）向灯里添加酒精要使用漏斗（如图 3-3 所示）。酒精量不得超过灯身容积的 2/3，以防受热时酒精膨胀外溢，但也不宜少于 1/4，否则灯里容易充满酒精蒸气和空气的混合物，点燃酒精灯时可能引起爆炸。绝对禁止往燃着的酒精灯里添加酒精（如图 3-4 所示）。

（3）点燃酒精灯只能用火柴或其他引燃物（如图 3-5 所示），绝对禁止用燃着的酒精灯对点，以免酒精流出而引起失火（如图 3-6 所示）。

图 3-2　灯焰大小

图 3-3　往灯里添加酒精

图 3-4　禁止往正燃着的
灯里添加酒精

（4）熄灭酒精灯不可用嘴吹，以免引起灯内酒精蒸气燃烧或爆炸（一般灯芯管与灯口之间都有间隙），只能用灯帽盖灭（如图 3-7 所示）。

（5）酒精灯不用时，必须将灯帽盖好。否则酒精蒸发，灯内酒精中所含水分相对增多，再使用时不易点燃，而且浪费酒精。

图 3-5　点燃酒精灯

图 3-6　禁止用酒精灯对火

图 3-7　熄灭酒精灯

二、给物质加热

给物质加热时，应根据物质的性质、实验的目的要求来选择容器（一般常用的有试管、烧杯、烧瓶等）。

1. 用试管加热

用酒精灯火焰直接给盛有少量固体或液体试剂的试管加热，是实验中最常用的基本操作。加热时，应充分使用外焰（那里的温度最高）；不要使受热的试管跟灯芯接触，以免因局部受冷而炸裂。

用试管加热时，必须使用试管夹。夹持试管时，将张开的试管夹从试管底部往上套，以防试管夹上带有的污物落入试管中。试管夹应夹在靠近试管口的中上部；手应握住试管夹的长柄，切忌把拇指按在短柄上，以防试管脱落。

给试管加热之初，试管应先在火焰上移动（如实验时试管需要固定，则可缓缓移动酒精灯），待试管受热均匀后，才能将火焰固定在需要加热的部位。

用试管给液体加热时，还应注意液体体积不宜超过试管容积的 1/3。加热时试管宜倾斜，约与台面成 45°角。为了避免管内液体沸腾进溅而伤人，给液体加热时试管口切不可对着自己和临近的旁人。

2. 用烧杯、烧瓶加热

为了加速物质的溶解、反应或促进溶剂蒸发，实验室中加热较多量液体时常使用烧杯；蒸馏或加热液体以制取气体时常使用烧瓶。一般给它们加热时，都要垫上石棉网，使之受热均匀。石棉网放置在铁架台的铁圈上。如使用烧瓶，还要用铁夹夹住瓶颈（如

图 3-8 所示）。如果被加热的玻璃容器外壁附有水珠，在加热前应拭干。

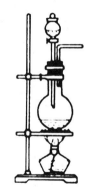

图 3-8　用烧瓶加热液体的装置

三、使用注意事项

（1）使用时，先要检查灯芯棉线的长度，若长度不够，应当更换；要检查灯芯顶端是否已经烧焦变黑，应适当减去烧焦部分，还要用镊子调整灯芯的高度。

（2）使用时，检查灯里酒精的量是否合适，不能少于灯容积的 1/4，少于 1/4 时，因酒精少既容易烧焦灯芯，又易在灯内形成酒精与空气的爆炸混合。

（3）添加酒精时，不能超过酒精灯容积的 2/3；因为超过 2/3 时，容易因酒精蒸发而在灯颈处起火。

（4）点燃时要用火柴，严禁向燃着的酒精灯里添加酒精和用酒精灯引燃另一只酒精灯。

（5）应使用酒精灯的外焰给物质加热。

（6）实验结束熄灭酒精灯时，应用灯帽盖灭，不可用嘴吹，以免引起灯内酒精燃烧。用灯帽将灯熄灭后应将灯帽拿起一次再盖上，免得冷却后灯帽内压强减小而打不开灯帽（若用塑料灯帽可以不重盖）。

（7）万一碰倒燃着的酒精灯，洒出的酒精在桌上燃烧起来，应立即用湿抹布扑盖。

任务二　HH-S 数显恒温水浴锅的使用

一、简介

数显恒温水浴锅广泛用于蒸馏、干燥、浓缩及湿浸化学药品或生物制品。

二、结构特点

该产品技术指标采用国际 GB 11240—89。选用进口不锈钢板、冷轧钢板等优质材料并经电镀抛光、烤漆等工艺精心制作，如图 3-9 所示。控温部分选用数字控温，温度

图 3-9　水浴锅示意图

数显直接显示锅内实际温度。具有抗腐蚀性强、结构紧凑、造型美观、经济实用、维修方便、使用寿命长等特点。

三、使用方法

（1）电源电压必须与仪器要求电源相符，电源插座要采用三孔安全插座，使用前必须妥善接地。

（2）先将清水注入锅内至隔板或更高些，但决不能低于加热管，否则，电加热管即刻爆损。为缩短升温时间，亦可注入热水。

（3）接通电源，打开电源开关，将测温/设定开关置于设定侧，顺时针调节电位器，选择所需温度，然后将测温/设定开关置于测温侧。

（4）该产品有加热及恒温两只指示灯表示工作状态，温度数显显示值为工作箱内实际温度。

四、注意事项

（1）不可加水过多，以免沸腾时溢出。

（2）使用后锅内水应及时放净，并擦拭干净，保持清洁，以利延长仪器使用寿命。

（3）扭转控温旋钮以后，需在加热恒温灯交替亮以后，并经过一段时间，待温度稳定后，才能进行工作。

任务三　DKB-600B型电热恒温水槽的使用

一、适用范围

供厂矿企业、大专院校、科研及各类实验室等作恒温或辅助加热之用。

二、技术指标

DKB-600B型电热恒温水槽的技术指标见表3-1。

表 3-1　DKB-600B 型电热恒温水槽的技术指标

型号	DK-8AD DK-8AX	CU-420	DK-600A CU-600	DKB-600B DK-8AB
电源电压	220V 50Hz			
消耗功率	1000W 600W	500W	1000W	1000W
控温范围	RT＋5～99℃			RT＋5～77℃
温度波动	±0.3℃			
跟踪报警	≤2℃			
工作室尺寸/mm³	600×300×170 450×300×170	420×180×105	600×300×170	500×300×150 600×300×170

三、结构特点

电热恒温水槽（以下简称水槽）外壳采用优质钢板、表面喷漆，内胆、顶盖内衬板、隔板均采用耐腐蚀极佳的不锈钢板和钢丝，底部放置 U 形电热管，直接浸在水中使热能损耗大为减小，夹层采用聚酯发泡板隔热，水槽右侧温度控制装置设置电源开关，或电源、水泵两只开关，控制仪面板上设置温度设置键，加热、跟踪报警指示灯，温度数字显示，控温仪采用微电脑控制，使控温精确、可靠。DKB-600B 及 DK-8AB 在水槽右侧底部设置一只低噪声磁力水泵，以保证水槽控温均匀度。

注意：DK-8AX、DK-8AD 采用了不锈钢内胆、外壳。

四、使用方法

（1）在水槽内加入纯净水至水槽内室 1/2～2/3 处。

（2）把电源开关拨至"开"处，控温仪面板即有数字显示（红色屏为测量温度，绿色屏为设定温度）表示电源接通，仪表进入工作状态；如有水泵开关同时拨至"开"处。

（3）槽内测定温度达到设定温度时，加热中断，加热指示灯熄灭，此时水槽的水温在设定温度上、下略有波动，待恒温 60min 后，温度可保持稳定。如水槽温度超过设定报警温度（可以任意设置），控温仪报警指示灯亮，同时自动切断加热器电源。

（4）用完放水时，应将放水塞向外拉出箱体 30cm 左右，再拔掉放水塞。

五、微电脑温度控制器操作使用方法

1. 控制面板说明

控制面板示意图如图 3-10 所示。

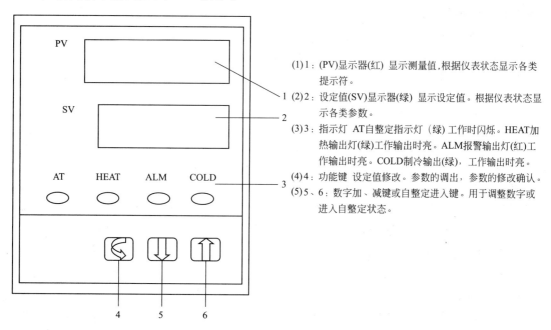

(1)1：(PV)显示器(红) 显示测量值,根据仪表状态显示各类提示符。

(2)2：设定值(SV)显示器(绿) 显示设定值。根据仪表状态显示各类参数。

(3)3：指示灯 AT自整定指示灯（绿）工作时闪烁。HEAT加热输出灯(绿)工作输出时亮。ALM报警输出灯(红)工作输出时亮。COLD制冷输出(绿)，工作输出时亮。

(4)4：功能键 设定值修改。参数的调出，参数的修改确认。

(5)5、6：数字加、减键或自整定进入键。用于调整数字或进入自整定状态。

图 3-10　控制面板示意图

2. 各功能的调出顺序

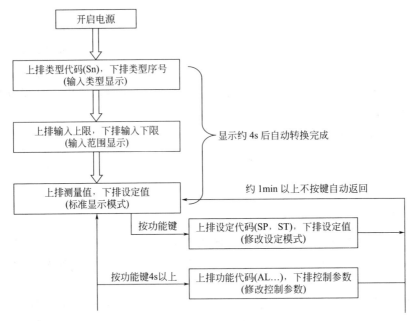

3. 各功能详细说明

（1）若显示"□□□"则说明传感器开路或输入信号超过测量范围。

（2）设定值改变方式

① 按键，上排显示 SP 符号，按或键，使下排显示为所需要设定温度，再按两次键，仪表回到标准模式。

② 设定温度为 70℃，加热指示灯亮，开始进入加热升温状态，过一段时间，当显示温度接近设定温度时，加热指示灯忽亮忽熄，反复多次，一般情况下，加热 90min 后温度控制进入恒温状态。

③ 所需工作温度较低时，可采用二次设定方式，如所需工作温度 37℃，第一次先设定 35℃，待温度过冲开始回落后，再第二次设定 37℃，这样可降低甚至杜绝温度过冲现象，尽快进入恒温状态。

（3）定时功能

当 ST 设置为 0 时，仪表取消定时功能；当 ST 设置不为 0 时，仪表才有定时功能，定时范围 1～999min。（定时是设定仪器加热及恒温的时间）

仪表送电时，定时功能开始启动，到达 ST 的时间，加热输出关闭，蜂鸣器叫 4 次以示提醒；若在仪表工作期间启动自整定，则定时功能被取消，自整定结束后，重新启动定时功能；仪表在工作期间，允许修改 ST，前面的累计运行时间被"记忆"，并运行到新的定时时间，当新的定时时间 ST 小于前面的累计运行时间时，加热输出立即关闭，蜂鸣器叫 4 次以示提醒。

（4）控制参数改变方式

由于产品出厂前都经过严格的测试，一般不要进行修正。如产品使用时环境恶劣，外界温度不在所使用仪器环境温度，或在使用控制温度范围前后界限值时，（由于和出厂时测试点不一样，工厂测试点 37℃）会引起温度显示值与箱内实际温度误差。如超出技术指标范围的可以修正，具体步骤如下：

按 ⊂ 键 4s 以上，当 PV 屏显示 AL 时，再按 ⊂ 键若干次，找到 LK，按 ⇩ 或 ⇧ 键，使下排显示为 128 或 18（开机仪表 AT 灯亮，密码为 18），再按 ⊂ 键若干次，找到所需要调整的控制参数的提示符，按 ⇩ 或 ⇧ 键，使该控制参数显示为所需要的值，几个控制参数可以一次调整完毕，再按 ⊂ 键 4s 以上，回到标准模式。（无键按下 1min 后自动返回到标准模式）

4. 自整定功能

一般不推荐使用。

5. 各功能参数表

各功能参数见表 3-2。

表 3-2　各功能参数表

提示符	名称	设定范围	说明	出厂设定值
AL	报警设定	0～满量程 0.0～满量程	当温度超过 $SV+AL$ 值时，ALM 灯亮，蜂鸣器响，切断加热电源	3.0
CL	制冷控制设定	0～满量程 0.0～满量程	当温超过 $SV+CL$ 值时，COLD 灯亮，制冷接点接通，启动压缩机	此机无此功能
P	比例带	1～满量程 1.0～满量程	比例作用调节，P 越大比例作用越小，系统增益越低，仅作用于加热侧	10.0
I	积分时间（再调时间）	0～3600s	积分作用时间常数，I 越大，积分作用越弱，$I=0$，$d=0$ 为半比例控制	55
D	微分时间（预调时间）	0～3600s	微分作用时间常数，d 越大，微分作用越强，并可克服超调，$I=0$，$d=0$ 为半比例控制	55
Ar	过冲抑制（比例再设定）	0～100%	在两位 PID 工作时，Ar 确定：1.5～2 倍的（稳态输出占空比），在半时间比例工作时，Ar 确定（为需要修正的）/（比例范围 P）	20
T·	加热周期	1～300s	可控硅输出一般为 2～3s，对剩余功率较大的设备将 T 调大可减小 PID 控制的静差	3
Pb	零位调整（截距）	−100～100 −100.0～100	当仪表的零位误差较大，满度误差较小时，调整该值，一般 Pt100 很少调整该值	0.3
PK	满度调整（斜率）	−1000～1000	当仪表的零位误差较小，满度误差较大时，调整该值，$PK=4000×$（规定值−实际显示值）/实际显示值，一般 Pt100 先调整该值	0
CT	制冷控制延时	0～3600s	当测量值达到报警值，经过 CT 时间后报警继电器才输出	此机无此功能
dp	小数点设置	0、1	$dp=0$ 显示分辨率为 1℃ $dp=1$ 显示分辨率为 0.1℃	1
rH	量程设置	0～400℃ 0.0～400.0℃	调整 rH，能使仪表的测量范围为 0～rH（℃）	105
LK	密码锁	0～255	$LK=128$ 或 $LK=18$ 时，以上参数才能改变	0

注：产品出厂前经过严格的测试，一般不要进行修正。

测试注意：箱内测试所用温度表用 0.1 精度的水银表，并将水银端放在箱内几何中心位置。

六、注意事项

（1）水槽外壳必须有效接地，以保证使用安全。

（2）在未加水前，切勿按下电源开关，以防烧坏电热管。

（3）当水槽发出声和光报警时，请先检查设定温度是否偏离正常范围，如未偏离，应停止使用，请专业维修人员检查或与我厂服务中心联系。

（4）非必要时，请勿拆开温度控制装置测板，以策安全。

七、维护保养

（1）水槽内外应经常保持整洁，外壳切忌用有反应的化学溶液擦拭，以免发生化学反应。

（2）仪器如长期不使用，需将水槽内水放完，然后擦干箱内外，再套好塑料薄膜防尘罩放在干燥室内，以免温度控制仪器受潮而影响使用。

（3）仪器不宜在高压电、大电流、强磁场、带腐蚀性气体环境下使用，以免仪器干扰损坏及发生触电危险。

（4）水槽禁止在无水状态使用，以免加热器烧坏。

八、故障处理

常见故障排除方法见表 3-3。

表 3-3　DKB-600B 型电热恒温水槽故障诊断表

故障现象	故障原因	排除方法
无电源	1. 插座无电源	1. 换插座
	2. 插头未插好或断线	2. 插好插头或接好线
	3. 熔断器开路	3. 换熔断器
	4. 电源开关因坏未合上	4. 更换
箱内温度不升	1. 设定温度低	1. 调整设定温度
	2. 电加热器坏	2. 换电加热器
	3. 控温仪、可控硅坏	3. 换控温仪、换 BTA 可控硅
	4. 定时设置错误	4. 设 $ST=0$
设定温度与箱内温度误差大	元器件产生误差	修 Pb、PK
温度失控	1. 温度传感器固定脱落	1. 固定温度传感器
	2. 控温仪坏	2. 换控温仪
显示□□□	1. 温度传感器坏或接触不良	1. 调换或修复
	2. 仪表量程设置范围小或控温仪坏	2. 重新设置或调换

九、电路接线原理图

电热恒温水槽接线原理见图 3-11。

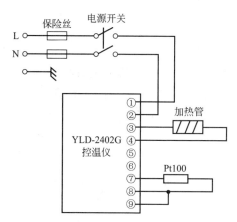

图 3-11 电热恒温水槽接线原理图

任务四 GZX-GFC.101型电热恒温鼓风干燥箱的使用

一、适用范围

本产品供厂矿企业、大专院校、科研单位等干燥、烘焙、熔蜡、灭菌之用。

二、主要技术指标

温控范围：50～300℃（关闭鼓风机时：50～250℃）；温控波动：±1℃；电源：220V，50Hz。

三、产品结构概述

（1）箱体采用优质钢板喷塑制成，内室采用不锈钢板或优质钢板。箱门采用双层钢化玻璃门，能清晰地观察到箱内的物品。箱内加热器系统主要由循环风机、不锈钢电加热器和温度控制器组成，如图3-12所示。

（2）热空气循环系统由单相电容运转电动机、离心式风机和风道组成。当电动机运转时，将直接置于箱内底部的电加热器产生的热量在箱内循环后排出，干燥物品。

（3）温度控制采用微电脑智能控温仪，自整定PID技术与传统PID控制相比，具有控温灵敏、响应快、超调小、精度高的特点，设定温度和箱内温度同时均有数字显示，具有上限跟踪报警功能，使用轻触按键设定参数，操作方便。

图 3-12 鼓风干燥箱示意图

（4）风顶调节装置能通过开启风门大小调节箱内空气排出量。

四、使用方法

（1）将被干燥的物品放入鼓风干燥箱内，关好箱门后，接通电源，开启电源开关，将温度控制器设定为理想值，控温仪上加热指示灯亮，当显示温度接近设定温度时，加热指示灯忽亮忽熄，控制就进入恒温状态，干燥箱工作正常。如果被干燥的物品较潮湿，可通过风顶调节装置，排出箱内湿空气。工作结束后应先关闭电源，取出物品时小心烫伤。

（2）温控仪具体操作见附加说明书。

（3）本干燥箱装有鼓风开关，如关闭鼓风开关，则可作一般干燥箱使用，此时最高使用温度为 250℃。

五、注意事项

（1）箱壳必须有效接地，使用完毕应关闭电源。

（2）鼓风干燥箱应放置在具有良好通风条件的室内，在其周围不可放置易燃易爆的物品。

（3）鼓风干燥箱无防爆装置，切勿放入易燃易爆物品。

（4）箱内切勿放置过挤，必须留出空间，以利于热空气循环。

（5）箱内外应经常保持清洁，长期不用应套好防尘罩，放在干燥的室内。

任务五　KSY-6型温控电阻炉的使用

一、工作原理

本系列温度控制器是通过热电偶 TDW 系列温度指示调节仪和接触器来对电阻炉温度进行测量、指示及自动控制的，如图 3-13 所示。

图 3-13　温控电阻炉示意图

控制器由以下三部分组成。

（1）测量部分：由检测端热电偶测得电阻炉内温度讯号（毫伏值）送至温度指示调

节仪。

（2）指示部分：当温度指示调节仪获得毫伏讯号后，通过指示指针反映出炉内温度值。

（3）控制部分：当指示指针升至设定温度值时，使温度指示调节仪中间继电器释放。在指示调节仪中间继电器的作用下，控制接触器的接通与断开，达到对电阻炉供电与断电，使电炉保持在恒温工作状态。

二、安装与使用

（1）本系列温度控制器不需特殊安装，室内平整的地面或工作台（架）上均可安放。温度控制器应避免受震动，放置位置与电炉不宜太远，防止过热而影响电子元件的正常工作。

（2）揭开温度控制器罩壳，连接电源时，相线和中心线不可接反，否则会影响温度控制器的正常工作，并有触电危险，为了保证安全操作，温度控制器外壳须可靠接地。

连接热电偶至温度控制器的导线时正负极不可接反。

（3）如热电偶使用冷端补偿器时，应将零位基准点调整至冷端补偿器的基准温度点；不用冷端补偿器时，零位基准点调至刻度零位，但所指示的温度为被测点和热电偶冷端的温度差。

（4）旋动温度指示调节仪，将温度指示调节仪之设定指针调整至所需工作温度的位置。

（5）检查各部分接线正确无误后，合上电源，按动直键开关接通电源，此时，温度指示仪左边绿色指示灯亮。

（6）待温度指示调节仪指示针升高至设定温度值时，在温度指示仪作用下，通过接触器使电炉断电，此时温度指示仪右边红色指示灯亮，炉温逐渐下降。当温度指示仪指示针退离设定指示值时，在温度指示仪作用下，通过接触器又使电炉通电，此时温度指示仪左边绿色指示灯亮。

如此接触器的反复动作，使炉温逐渐保持恒温。

（7）KSY系列控制台在使用时，应以电流表的指值为参数，而电压表指数仅作参考。

（8）KSY-12型由三个KSY-6单元组成三相调压线路，原理线路元件相同，线路图从略。

三、维护和注意事项

（1）为了保证温度控制器长期良好可靠工作，必须定期进行下列项目检查。

① 接线头的连接是否良好。

② 温度指示仪指针运动有无卡住、滞呆等情况。

③ 用电位差计校对温度指示仪刻度误差是否增大。

（2）在搬运温度控制器时，须将温度指示仪防震短路线连接好。

（3）本系列温度控制器适用于下列工作条件：

① 海拔不超过2000m；

② 环境温度在 0～40℃ 范围内；

③ 使用地区月平均最大相对湿度不大于 90％，同时该月的月平均最低温度不高于 25℃；

④ 周围没有导电尘埃、爆炸性气体及能严重破坏电子元件、金属或绝缘体的腐蚀性气体；

⑤ 没有明显的振动和颠簸。

项目四
基本测量仪器的使用

任务一　BS/BT 系列电子天平的使用

一、电子天平简介

最新一代的天平是电子天平（如图 4-1 所示），它是利用电子装置完成电磁力补偿的调节，使物体在重力场中实现力的平衡或通过电磁力矩的调节，使物体在重力场中实现力矩的平衡。

图 4-1　电子天平示意图

常见电子天平的结构都是机电结合式的，可分成顶部承载式和底部承载式两类，目前常见的大多数是顶部承载式的上皿天平。从天平的校准方法来分，则有内校式和外校式两种。前者是标准砝码预装在天平内，启动校准键后，可自动加码进行校准。后者则需人工取拿标准砝码放到称盘上进行校正。它与传统的杠杆式机械天平比较主要有如下特点：

(1) 传感器的反应速度快，从而可以提高称量速度；

(2) 结构简单，体积小，质量轻，受安装地点的限制小；

(3) 称量信号可以用计算机进行数据处理，自动显示、记录称量结果；

(4) 称重传感器密封性好，从而有优良的防潮、防腐蚀性能；

(5) 它没有作为支点的刀承和刀口，稳定性好，机械磨损小，减轻了维修保养工作，使用方便，寿命长；

(6) 精度高，所以电子天平在目前已成为电子衡器发展的主流。现以我国目前使用较多的以 FA/JA 系列上皿电子天平为例，作简单介绍。

二、性能参数

(1) 天平的主要性能 该系列天平是采用 MCS—51 系列单片微机的多功能电子天平。具有称量自动校准、积分时间可调、灵敏度可适当选择等性能。它有克、克拉两种量单位可供选择，还有数据接口装置，可与微机和打印机相连。

(2) 键盘操作功能

① ON/OFF 开启/关闭显示器：只要轻按一下 ON 键，再轻按 OFF 键，显示器熄灭。开启显示器后，显示器全亮，对显示器的功能进行检查，约过 2s 后，显示天平的型号，例如：—2104—，然后是称量模式：0.0000g。

注意：天平电源插上即已通电，面板开关只对显示起作用，如天平长期（指五天以上）不用，应关断电源。每天连续使用时，可不关断电源，只关闭显示。

② TARE 清零、去皮键：置容器于称盘上，显示出容器质量，然后轻按 TARE 键，显示失稳，随即出现全零状态，容器质量显示值已去除，即去皮重。当取出容器，显示器显示容器质量的负值，再轻按 TARE 键，显示器为全零，即天平清零。

③ UNT 量制单位转换键：按住 UNT 键不松手，显示器不断循环显示计量单位。当显示所需量制单位时，松手即可。

④ CAL 天平校准键：因存放时间较长，位置移动，环境变化时，为获得精确称量，一般都应进行校准。

三、电子天平操作程序

1. 电子天平简易操作程序

(1) 调天平 调整地脚螺栓高度，使水平仪内空气气泡位于圆环中央。

(2) 开机 接通电源，按开关键 Ⓘ/Ⓞ 直至全屏自检。

(3) 预热 天平在初次接通电源或长时间断电之后，至少需要预热 30min。为取得理想的测量结果，天平应保持在待机状态。

(4) 校正 首次使用天平必须进行校正，按校正键 Ⓒ🅐🅛，BS 系列电子天平将显示所需校正砝码质量，放上砝码直至出现 g，校正结束。BT 系列电子天平自动进行内部校准直至出现 g，校正结束。

(5) 称量 使用除皮键 Tare，除皮清零。放置样品进行称量。

(6) 关机 天平应一直保持通电状态（24h），不使用时将开关键关至待机状态，使天平保持保温状态，可延长天平使用寿命。

2. 安装说明

为天平选择了正确的安装场所，将得到高工作效率和准确的测量结果。就安装场地而言，请注意如下各项。

（1）置天平于稳定、平坦（桌子或地面）的平面上或者墙壁支架上。

（2）不要将仪器安装在能直接接收阳光照射的地方。也不要安装在暖气附近，以避免受热。

（3）不要将仪器置于由门窗打开而形成空气对流的通道上。

（4）在测量时避免出现剧烈震动现象。

（5）采取保护措施防止仪器遭受腐蚀性气体的侵蚀。

（6）仪器不应在具有爆炸危险的环境内。

（7）不要将仪器长期置于湿度较大的环境里。当把一台放在较低环境温度中的仪器搬到环境温度较高的工作间后，应将仪器在工作间里静放约 2h，并切断电源。2h 后，接通电源，仪器内部与外部环境之间持续的温度差即可得到平衡，而由温度差产生的湿气即可排出，从而避免了对仪器的影响。

四、电子天平的操作

电子天平操作示意图见图 4-2。

1. 预热时间

为了达到理想的测量结果，电子天平在初次接通电源或者在长时间断电之后，至少需要 30min 的预热时间，只有这样，天平才能达到所需要的工作温度。

2. 显示器接通与关断（待机状态）

为了接通或关断显示器，请按下 Ⅰ/☉ 键。

3. 仪器自检

在接通以后，电子称量系统自动实现自检功能。当显示器显示零时，自检过程即告结束。此时，天平准备工作就绪。

为了获得相关信息，在天平的显示屏上出现如下标记。

在右上部显示｡，表示 off。即天平曾经断电（重新接电或断电时间长于 3s）。

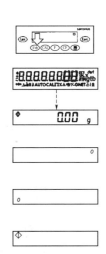

左下方显示｡，表示仪器处于待机状态显示器已通过 Ⅰ/☉ 键关断，天平处于工作准备状态。一旦接通，仪器便可立刻工作，而不必经历预热过程。

显示Φ，表示仪器正在工作。在接通后按下第一个键的时间内，显示此标记Φ；如果仪器正在工作时显示这个标志，则表示天平的微处理器正在执行某个功能，因此，不再接受其他任务。

4. 清零

只有当仪器经过清零之后，才能执行准确的质量测量。按下两个除皮键中的一个，以便使质量显示为 0，如图 4-3 所示。这种清零操作可在天平的全量程范围内进行。

图 4-2 操作示意图

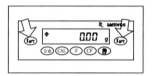

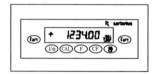

图 4-3　清零操作　　　　　　　　　　　　　　图 4-4　称量

5. 简单称量（确定质量）

将物品放在秤盘上。当显示器上出现作为稳定标记的质量单位"g"或其他选定的单位时，读出质量数值，如图 4-4 所示。

6. 使用一级天平注意事项

为避免测量误差，必须将空气密度考虑在内，下列公式可用于计算被称物的真实质量：

$$m = n_w(1 - \rho_1/8000\text{kg} \cdot \text{m}^{-3})/(1 - \rho_1/\rho)$$

式中　　m——被称物质量；

　　　　n_w——读数值；

　　　　ρ_1——称量时的空气密度；

　　　　ρ——被称物的密度。

五、调整校正

在调校时，应考虑电子天平的灵敏度与其工作环境的匹配特性。在预热过程执行完毕后进行调校。在调校之前，也不应进行任何测量，如果改变了天平的工作场所，或者工作环境（特别是环境温度）发生变化，则都要求进行重新调校。同样，在仪器被搬动以后，也必须对其重新调校。

调校功能都能用 (CF) 键中断。

BT 系列电子天平都配有一个内装的校正砝码，该校正砝码由电机驱动加载，并在结束调校过程之后被重新卸载。

1. 外部校正

外部校正见图 4-5。

菜单选择：191＊（标准天平）；197（鉴定用的天平）。

图 4-5　外部校正示意图

只应使用标准砝码，它的精度与每台电子天平的精度相当或者更高。

在显示器出现零时按下 (CAL) 键：校正程序被启动执行，在显示器上显示出校正砝码的质量值（g）。

如在启动调校程序时出现错误或故障，则在屏幕上显示出"Err 02"。在这种情况下必须重复清零操作，并当屏幕显示零时重新按下 (CAL) 键。

将校正砝码放到秤盘的中央，电子天平自动执行调校过程，当屏幕显示校正砝码的质量值（g），并当显示数值静止不动时，调校过程即已结束。

＊＝读数大于等于 1mg 的标准的电子天平，已由生产厂家设定。

＊＊＝不适用于精度等级为Ⅱ级的鉴定用的精密天平。

2. 具有内装砝码的电子天平的内部校正

内部校正见图 4-6。

菜单选择：193＊。

当显示 0 时，用 CAL 键激活校正功能。

如果在校正过程中出现故障，将在显示屏上出现"Err 02"信息。显示时间较短。此时请再次清零并按下 CAL 键。

警告：在调校时，不允许在秤盘上加载。

3. 具有内装砝码的电子天平的灵敏度测试

灵敏度测试见图 4-7。

菜单选择：194。

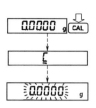

图 4-6 内部校正示意图

图 4-7 灵敏度测试示意图

较大的空气压力和温度变化可能影响电子天平的显示特性。为了保证全量程范围内的显示精度，可用灵敏测试功能对显示精度进行检查。

去除秤盘上的被称物体，亦即为电子天平卸载，并清零。

当屏幕显示零时按下 CAL 键。

内部的砝码由电机加载，此时屏幕上显示 CAL。在屏幕显示稳定后，即可获得当前质量值与理想值之间的误差（只能以克为单位）。

如外部故障，则短时显示"Err 02"。在此情况下请重新进行清零操作并按下 CAL 键。

如果偏零误差大大超过可重复性，则必须对电子天平进行调校。

六、维护保养

在对仪器清洗之前，请将仪器与工作电源断开。在清洗时，不要使用强力清洗剂（溶剂类等）；应仅使用中性清洗剂（肥皂）浸湿的毛巾擦洗。注意，不要让液体渗到仪器内部。在用湿毛巾擦洗后，再用一块干净的软毛巾擦干。试件剩余物/粉必须小心用刷子或手持吸尘器去除。

七、故障诊断指南

故障诊断指南详见表 4-1。

表 4-1 BS/BT 系列电子天平故障诊断表

故障现象	故障原因	排除方法
显示器上无任何显示	无工作电压	检查供电线路及仪器 将变压器接好
在调整校正之后，显示器无显示	1. 放置天平的表面不稳定 2. 未达到内校稳定	1. 确保放置天平的场所稳定 2. 防止震动对天平支撑面的影响，关闭防风罩

故障现象	故障原因	排除方法
显示器显示"H"	超载	为天平卸载
显示器显示"L"或"Err 54"	未装秤盘或底盘	依据电子天平的结构类型，装上秤盘或底盘
称量结果不断改变	1. 震动太大，天平暴露在无防风措施的环境中 2. 防风罩未完全关闭 3. 在秤盘与天平壳体之间有一杂物 4. 下部称量开孔封闭盖板被打开 5. 被测物质量不稳定(吸收潮气或蒸发)	1. 通过"电子天平工作菜单"采取相应措施 2. 完全关闭防风罩 3. 清除杂物 4. 关闭下部称量开孔 5. 被测物质放在干燥器中干燥
称量结果明显错误	1. 电子天平未经调校 2. 称量之前未清零	1. 对天平进行调校 2. 称量前清零

任务二　722/721型可见分光光度计的使用

一、仪器的主要用途

722/721型可见分光光度计能在近紫外、可见光谱区域对样品物质作定性和定量的分析。该仪器可广泛地应用于医药卫生、临床检验、生物化学、石油化工、环境保护、质量控制等部门，是理化实验室常用的分析仪器之一。

二、仪器的工作环境

（1）仪器应安放在干燥的房间内，使用温度为5～35℃，相对湿度不超过85%。

（2）使用时放置在坚固平稳的工作台上，且避免强烈的震动或持续的震动。

（3）室内照明不宜太强，且避免直射日光的照射。

（4）电扇不宜直接向仪器吹风，以免影响仪器的正常使用。

（5）尽量远离高强度的磁场、电场及发生高频波的电器设备。

（6）供给仪器的电源电压为 AC（220±22）V，频率为（50±1）Hz，并必须装有良好的接地线。推荐使用交流稳压电源，以加强仪器的抗干扰性能。使用功率为1000W以上的电子交流稳压器或交流恒压稳压器。

（7）避免在有硫化氢、亚硫酸氟等腐蚀气体的场所使用。

三、仪器的主要技术指标及规格

分光光度计主要技术指标见表4-2。

表 4-2　分光光度计主要技术指标表

产品型号	722 型	721 型
光学系统	单光束,1200 条/毫米衍射光栅	
光谱带宽	5nm	6nm
波长范围	325～1000nm	360～1000nm
波长精度	±2.0nm	±3.0nm
波长重复性	≤1nm	≤1.5nm
透射比准确度	±1%T	±1.5%T
透射比重复性	0.5%T	0.7%T
杂散光	≤0.5%T 在 360nm 处	≤1%T 在 360nm 处
光度范围	$0～100\%T,-0.097～2.000A,0～1999℃(0～1999F)$	
稳定性	亮电流 3min 内透射比示值变化≤1%T 暗电流 3min 内透射比示值变化≤0.2%T	
光源	钨灯:12V/20W,规格:14546	
波长显示	刻度盘:精确至 2nm	
电源	AC 220V±22V,50Hz±1Hz	
数据输出	RS-232C 可配上层软件	
外形尺寸	430mm×310mm×200mm	
质量	8kg	

四、仪器的工作原理

分光光度计的基本原理是溶液中的物质在光的照射激发下,产生了对光的吸收效应,物质对光的吸收是具有选择性的。各种不同的物质都具有其各自的吸收光谱,因此当某单色光通过溶液时,其能量就会被吸收而减弱,光能量减弱的程度和物质的浓度有一定的比例关系,也即符合比色原理(比耳定律),见图 4-8。

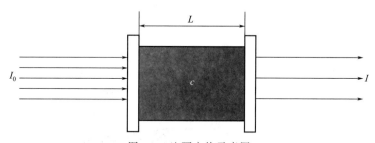

图 4-8　比耳定律示意图

$$T = I/I_0$$
$$\log I/I_0 = KcL$$
$$A = KcL$$

式中　T——透射比;

I_0——入射光强度;

I——透射光强度;

A——吸收度;

K——吸收系数;

L——溶液的光径长度；

c——溶液的浓度。

从以上公式可以看出，当入射光、吸收系数和溶液的光径长度不变时，透射光是根据溶液的浓度而变化的，722/721型可见分光光度计的基本原理是根据上述之物理光学现象而设计的。

五、仪器的光学原理

钨卤素灯发出的连续辐射光经聚光镜、滤光片后，成像于单色镜进狭缝，此狭缝正好于聚光镜及单色器内准直镜的焦平面上，因此进入单色器的复合光通过平面反射镜反射及准直镜准直变成平行光射向色散元件光栅，光栅将入射的复合光通过衍射作用形成按照一定顺序均匀排列的连续的单色光谱，此单色光谱重新回到准直镜上，由于仪器出射狭缝设置在准直镜的焦平面上，这样，从光栅色散出来的光谱经准直镜后利用聚光原理成像在出射狭缝上，出射狭缝选出指定带宽的单色光通过聚光镜落在试样室被测样品中心，样品吸收后透射的光经聚光镜射向光电池接收。

722/721型可见分光光度计采用光栅自准式色散系统和单光束结构光路，布置如图4-9所示。仪器各部分名称见图4-10。

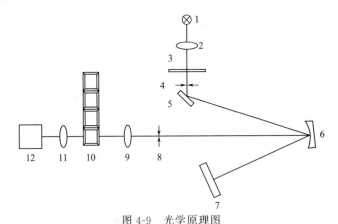

图 4-9　光学原理图

1—钨卤素灯；2—聚光灯；3—滤色片；4—进狭缝；5—反射镜；6—准直镜；7—光栅；
8—出狭缝；9—聚光镜；10—样品架；11—聚光镜；12—光电池

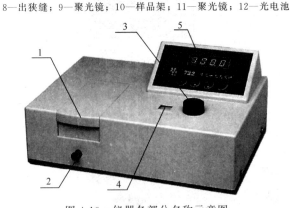

图 4-10　仪器各部分名称示意图

1—样品室盖门；2—样品架拉手；3—波长旋钮；4—波长显示窗口；5—数据显示窗口

六、仪器的安装、使用与维护

1. 安装

仪器在安装使用前应对仪器的安全性进行检查，电源电压是否正常，接地线是否牢固可靠，在得到确认后方可接通电源使用。

2. 使用

仪器使用前需开机预热 30min。

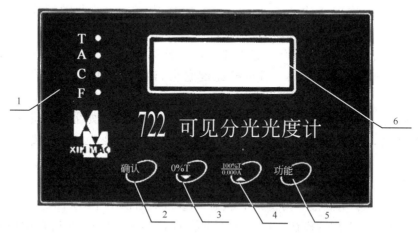

图 4-11　仪器显示器与键盘功能示意图

1—状态显示（T. A. C. F）；2—确认键；3—调 0％T 键；

4—调 100％T/0.000A 键；5—功能键；6—数据显示

仪器显示器与键盘功能示意图见图 4-11。

（1）确认键　该键具有 4 个功能。

① 用于 RS232 串行口和计算机传输数据（单向传输数据，仪器把当前的数据发向计算机）。（722 型功能）

② 当处于 C 状态时，具有确认的功能，即确认当前的 c 值，并自动计算当前的 F 值。［只有当前 c 值改变后按确认键才会自动转到 F 状态，若 c 值默认（不变）的情况下按确认键不会自动转到 F 状态］

③ 当处于 F 状态时，具有确认的功能，即确认当前的 F 值，并自动转到 C 状态，自动计算出当前的 c 值（$c=FA$）。

④ 用于 RS232 串行口和打印数据输出（单向传输数据，仪器把当前的数据发向计算机）。（722 型功能）

例如：设置打印（格式）。（722 型功能）

① 按"功能键"将测试模式切换到 T 状态（即 T 指示灯亮），则打印 $T=014.1％$；

② 按"功能键"将测试模式切换到 A 状态（即 A 指示灯亮），则打印 $A=0.853$；

③ 按"功能键"将测试模式切换到 C 状态（即 C 指示灯亮），则打印 $c=0859$，$F=1012$。（在 C 状态时 F 状态数据同时打印）

（2）0％确认键　该键具有 3 个功能。

① 调零只有在 T 状态时有效，打开样品室盖，放进黑体，再盖上样品室盖，显示器显示不是零的情况下，按此键后，T 应显示 000.0。

② 下降键：在 F 状态时有效，按此键 F 值会自动减 1，如果按住此键不放，自动减 1 会加快速度，如果 F 值为 0 后，再按此键它会自动变为 1999，再按此键开始自动减 1。（F 值输入后必须按"确认"键才会生效）

③ 下降键：在 C 状态时有效，按此键 c 值会自动减 1，如果按住此键不放，自动减 1 会加快速度，如果 c 值为 0 后，再按此键它会自动变为 200，再按此键开始自动减 1。（c 值输入后必须按"确认"键才会生效）

（3）100％键　该键具有 3 个功能。

① 在 A、T 状态时，放进参比溶液，关闭样品室盖，按此键后应显示 0.000A、100％T。

② 上升键：在 C 状态时有效，按此键 c 值会自动加 1，如果按住此键不放，自动加 1 会加快速度，如果 c 值为 3999 后再按此键它会自动变为 1000，再按此键开始自动加 1。

③ 上升键：在 F 状态时有效，按此键 F 值会自动加 1，如果按住此键不放，自动加 1 会加快速度，如果 F 值为 1999 后再按此键它会自动变为 0，再按此键开始自动加 1。

例如：设置斜率为 1200。

方法一：①按"功能键"切换到 F 状态；②如果当前 F 值为 1000，则按本键，直到 F 值为 1200；③再按"确认"键，表示当前的 F 值为 1200，然后自动回到 C 状态，假如所测得 A 值为 0.234，则此时显示 c 值为 0281。

方法二：①按"功能键"切换到 F 状态；②如果当前 F 值为 1000，则按本键，直到 F 值为 1200。再按功能键切换到 C 状态，假如所测得 A 值为 0.234，则此时显示 c 值为 0281。

（4）功能键　每按此键可切换 A、T、c、F 之间的值。

A—吸光度（Absorbance）；

T—透射比（Trans）；

c—浓度（Conc.）；

F—斜率（FacTor）。

F 值通过按键输入。（上面已介绍如何设置）

七、基本操作

722/721 型分光光度计有透射比 T、吸光度 A、斜率测量 F、样品浓度 c 等测量方式，可根据需要选择合适的测量方式。在开机前，需先确认仪器样品室内是否有物品挡在光路上，或样品架定位是否放好。

无论选用何种测量方式，都必须遵循以下基本操作步骤。

① 连接仪器电源，确保仪器供电电源有良好的接地性能。

② 接通电源，使仪器最好预热 20min。

③ 用"功能"键设置测试方式：透射比（T），吸光度（A），已知标准样品浓度值方式（c）和已知标准样品斜率（F）方式，可根据需要选择测试模式。

④ 用波长选择旋钮设置所需的分析波长。

⑤ 将参比样品溶液和被测样品溶液分别倒入比色皿中，样品量应如图 4-12 所示。

打开样品室盖，将盛有溶液的比色皿分别插入比色皿槽中，再盖上样品室盖。

一般情况下，参比样品放在第一个槽位中。仪器所附的比色皿，其透射比是经过配对测试的，未经配对处理的比色皿将影响样品的测试精度。比色皿透光部分表面不能有指印、溶液痕迹，被测溶液中不能有气泡、悬浮物，否则也将影响样品测试的精度。

⑥ 将参比样品推（拉）入光路中，盖上样品室盖，按"OABS/100％T"键，此时显示器显示的"BLA"直至显示"100.0"％T 或"0.000"A 为止。

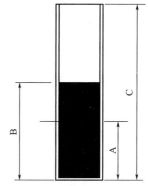

图 4-12　装液量示意图
A—光路中心高度（15mm）；
B—样品液面高度（>25mm）；
C—比色皿外形高度（45mm）

⑦ 调仪器 0％，将 0％T 校具（黑体）置入光路中，盖上样品室盖，按"功能"键，将测试模式转换在 T 状态下，按"0％T"键，此时显示器应显示"000.0"T 后取出黑体。

⑧ 再把参比液（空白）调成"100.0"％T 或"0.000"A 后，将被测样品推（拉）入光路中，这时便可从显示器上得到被测样品的透射比值或吸光度值。

样品浓度的测量方法

1. 已知标准样品浓度值的测量方法

① 用"功能"键将测试方式设置至 A（吸光度）状态。

② 用波长旋钮设置样品的分析波长。根据分析规程，每当分析波长改变时，必须重新调整 0A/100％T 和 0％T。

③ 将参比溶液（空白）、标准样品溶液和被测样品溶液分别倒入比色皿中，打开样品室盖，将盛有溶液的比色皿分别插入比色皿槽中，盖上样品室盖。

④ 将参比溶液（空白）推（拉）入光路中，按"0A/100％T"键调 0A/100％T，此时显示器显示的"BLA"，直至显示"0.000"A 为止。

⑤ 用"功能"键将测试方式设置为 C 状态。

⑥ 将标准样品推（或拉）入光路中。按"上升"键或"下降"键将已知的标准样品浓度值输入仪器，直至显示器显示您的需要的样品浓度值时，按"确认"键。（浓度值只能输入整数值，设定范围为 01999）。

⑦ 将被测样品依次推（拉）入光路，这时，便可从显示器上分别得到被测样品的浓度值。

2. 已知标准样品浓度斜率（K 值）的测量方法

① 用"功能"键将测试方式设置至 A（吸光度）状态。用波长旋钮设置样品的分析波长，根据分析规程，每当分析波长改变时，必须重新调整 0A/100％T 和 0％T。

② 将参比溶液（空白）和被测样品溶液分别倒入比色皿中，打开样品室盖，将盛有溶液的比色皿分别插入比色皿槽中，盖上样品室盖。

③ 将参比溶液（空白）推（拉）入光路中，按"0A/100％T"键调 0A/100％T，此时显示器显示的"BLA"，直至显示"0.000"A 为止。

④ 用"功能"键将测试方式设置至 F 状态。

按"上升"键或"下降"键输入已知的标准样品斜率值，直至显示器显示标准样品斜率时，按"确认"键。这时，测试方式指示灯自动指向"C"，斜率只能输入整数值。

⑤ 将被测样品依次推（或拉）入光路，这时，便可从显示器上分别得到被测样品的浓度值。

八、仪器的调校和故障分析

1. 钨卤素灯的更换

光源灯是易损件，当损坏件更换或由于仪器搬运后可能偏离正常的位置，为了使仪器有足够的灵敏度，正确地调整光源灯的位置则显得更为重要，在更换光源灯时应戴上手套，以防止沾污灯壳而影响发光能量。

722/721 型可见分光光度计的光源灯采用 6V/10W 插入式钨卤素灯，更换时应先切断电源，取出损坏的钨卤素灯，换上新灯，将仪器的波长置于 500nm 处，开启仪器电源，移动灯上、下、左、右位置，直到成像在进狭缝上。在 T 状态，不调节 100％ 键，（盖上样品室盖）观察显示读数，调整灯使显示读数为最高即可。

2. 故障分析

当仪器出现故障时，应首先切断主机电源，然后按下列步骤逐步检查。

① 接通仪器电源，观察钨灯是否亮。

② 波长盘读数指数是否在仪器允许的波长范围内。

③ T、A、C 键是否选择在相应的状态。

④ 试样室盖是否关紧。

⑤ 样品槽位置是否正确。

⑥ 当仪器波长选择 580nm 时，打开试样室盖，用白纸对准光路聚焦位置，应见到一较亮较完整的长方形橙黄色斑，如光斑偏红或偏绿时，说明仪器波长已经偏移。

⑦ 在仪器技术指标规定的波长范围内，是否能调"100％T"或"0.000A"。

⑧ 往返调节波长旋钮时，手感应平滑无明显卡位感。

⑨ 比色皿选择拉杆手感是否灵活。

故障诊断及排除方法见表 4-3。

表 4-3　722/721 型可见分光光度计故障诊断表

故障现象	故障原因	排除方法
开启电源开关,仪器无反应	1. 电源未接通 2. 电源保险丝断 3. 仪器电源开关接触不良	1. 检查供电电源 2. 更换保险丝 3. 更换仪器电源开关 请专业维修人员维修或送维修站维修
显示不正常	1. 仪器预热时间不够 2. 环境振动过大,光源附近气流过大或外界强光照射 3. 电源电压不良 4. 仪器接地不良 5. 样品浓度太高 6. 样品架定位没定好,造成遮光现象	1. 保证开机时间 30min 2. 改善工作环境 3. 检查电源电压 4. 改善接地状况 请专业维修人员维修或送维修站维修

故障现象	故障原因	排除方法
调不到 0%	1. 放大器坏 2. 没放校具"0"T(黑体) 3. 状态不对(不在 T 挡)	1. 修理放大器 2. 改善方法 请专业维修人员维修或送维修站维修
调不到 100%	1. 钨卤素灯不亮 2. 光路不准 3. 放大器坏 4. 参比溶液不正确 5. 样品溶液不正确 6. 比色皿方向没放对	1. 检查灯电源电路 2. 调整光路 3. 修理放大器 4. 改善方法 请专业维修人员维修或送维修站维修
浓度计算失准	1. 显示板部分功能坏 2. 数据输入后没按确认键	1. 修理或更换显示板 请专业维修人员维修或送维修站维修

注:所购买的分光光度计在出厂前所有的参数都调整在最佳的状态,请勿擅自打开仪器的外壳,随意调整仪器的参数。

九、分光光度计波长准确度校正

如果仪器性能指标有所变化时,允许进行调校或修理,现简单介绍,仅供参考。

722/721 型可见分光光度计出厂检验按照 JJG 标准,采用氧化钬玻璃滤光片 361nm、418nm、537nm、638nm 和镨钕滤光片 808nm 特征吸收峰通过逐点测试法来进行波长校正及检测。本仪器分光系统采用光栅作为色散元件,其色散是线性的,因此波长分度的刻度也是线性的。例如:361nm 处波长准确度校正。

① 开机并使仪器预热 20min;

② 按"功能"键将测试方式置于透射比(%T)状态;

③ 将波长设置在 355nm 处,一般情况下,在标准物质吸收峰±5nm 处由短波向长波方向每隔 1nm 逐点测试;

④ 打开样品室盖,将钬玻璃片插入样品槽中;

⑤ 盖好样品室盖,将参比物(以空气作为参比)拉(推)光路中(一般情况下,第一个样品槽作为参比,第二个样品槽放置标准物质);

⑥ 按"OABS/100%T"键调 100%T;

⑦ 将钬玻璃片拉(推)入光路中;

⑧ 观察并记录下此时钬玻璃片的透射比值;

⑨ 重复①至⑧步进行逐点测试,直至找到最小读数为止。

钬玻璃在 363nm 处吸收峰如图 4-13 所示。

镨钕玻璃在 808nm 处吸收峰如图 4-14 所示。

当通过上述逐点测试法记录下波长与钬玻璃特征吸收波长值不一致并超出仪器技术指标规定的误差范围时(722nm±2nm,721nm±3nm),则可按下列方法进行校正。

① 打开仪器外壳;

② 松开波长刻度盘Ⓐ上的固定螺钉Ⓑ(见图 4-15);

③ 转动刻度盘,使刻度指示与特征吸收峰的波长值之间的误差在允许范围内;

④ 旋紧固定螺钉,装上外壳,重复分光光度计波长准确度校正中的①至⑧步骤,实测仪器波长精度在允许范围内即可。

WL/nm	T%
355	85.3
356	83.1
357	77.8
358	67.4
359	54.4
360	43.0
361	38.1
362	43.8
363	55.4
364	66.4
365	76.6

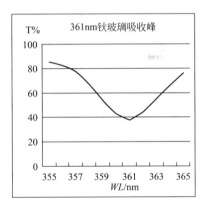

图 4-13　361nm 钬玻璃吸收峰

WL/nm	A
800	0.831
801	0.848
802	0.859
803	0.893
804	0.974
805	1.097
806	1.235
807	1.327
808	1.313
809	1.208
810	1.071

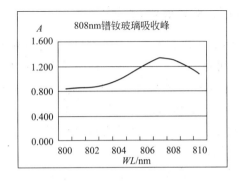

图 4-14　808nm 镨钕玻璃吸收峰

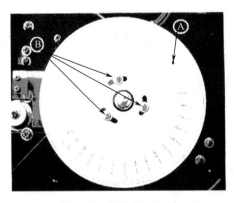

图 4-15　准确度校正图

例如：吸光度精度的检验。

① 将波长设置在 546nm 处；

② 将测试方式置于"T％"状态；

③ 打开样品室盖，将 0％T 校具和 0.5A 左右（需经标定）的中性滤光片分别插入样品槽中；

④ 将 0％T 校具置于光路中；

⑤ 盖好样品室盖，按"0％T"键调整"000.0％T"透射比；

⑥ 将参比物（以空气作为参比）拉（推）入光路中；（在一般的测试情况下，第一个样品槽作为参比，第二个样品槽放置标准物质）

⑦ 按"0ABS/100％T"键调100％T；

⑧ 将测试方式置于"A"状态；

⑨ 将0.5A中性滤光片拉（推）光路中，观察并记录其吸光度值；

⑩ 将测试方式调整至"T％"状态，测得其透射比值，根据 $A = -\lg 1/T$ 计算出其吸光度值，如果实测值与计算值的误差超出仪器技术指标允许的误差范围时（两者允许误差为±0.002A）请与当地仪器产品经销商或维修点联系。非专业人士切勿自行打开仪器外壳。

十、使用注意事项

（1）分光光度计在接通电源而不用时，必须打开暗箱盖，以免光电管老化。

（2）手拿比色杯毛面，试剂倒入杯中满2/3即可，不得将比色杯放在仪器上。

（3）清洗比色皿时，一般先用水冲洗，再用蒸馏水洗净。若比色皿被有机物沾污，可用盐酸-乙醇混合液（1∶2）浸泡片刻，再用水冲洗。不能用碱溶液或氧化性强的洗涤液洗，以免损坏。也不能用毛刷清洗比色皿，以免损伤它的透光面。

（4）每次做完实验应立即洗净比色皿。比色皿外壁的水用擦镜纸或细软的吸水纸吸干，以保护透光面。

（5）测量溶液吸光度时，一定要用被测溶液洗比色皿内壁数次，以免改变被测溶液的浓度，在测定一系列溶液的吸光度时，通常都是从稀到浓的顺序测定，以减小测量误差。

任务三　PHS-25型数显pH计的使用

一、概述

PHS-25型pH计是一台精密数显pH计，它采用带蓝色背光、双排数字显示液晶，可同时显示pH、温度值或电位（mV）。该仪器适用于大专院校、研究院所、环境监测、工矿企业等部门的化验室取样测定水溶液的pH值和电位值（mV），配上ORP电极可测量溶液ORP（氧化-还原电位）值。配上离子选择性电极，测出该电极的电极电位值。

二、仪器的主要技术性能

（1）仪器级别　0.1级。

（2）测量范围　pH：0.00～14.00；

电位：－1400～1400mV（自动极性显示）。

（3）最小显示单元　0.01pH，1mV，0.1℃。

（4）温度补偿范围　0.0～60.0℃。

（5）电子元件基本误差　pH：±0.05；

电位：±1% FS。

（6）仪器的基本误差　pH：±0.1。

（7）电子单元输入电流　不大于 $1×10^{-11}$ A。

（8）电子单元输入阻抗　不小于 $3×10^{11}$ Ω。

（9）温度补偿器误差　pH：±0.05。

（10）电子单元重复性误差　pH：0.05；

电位：5mV。

（11）仪器重复性误差　pH：不大于 0.05。

（12）电子单元稳定性　±0.05pH±1 个字/3h。

（13）外形尺寸（$l×b×h$，mm×mm×mm）　220×160×65。

（14）质量　1.0kg。

（15）正常使用条件

① 环境温度：5～40℃；

② 相对湿度：不大于 85%；

③ 供电电源：DC 6V；

④ 除地球磁场外无其他磁场干扰；

⑤ 无显著的震动。

三、仪器结构

1. 仪器外形结构

仪器外形结构见图 4-16。

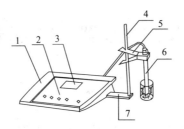

图 4-16　pH 计外形结构示意图

1—机箱；2—键盘；3—显示屏；4—电极梗；5—电极夹；
6—电极；7—电极梗固定座（已安装在机箱底座）

仪器后面板见图 4-17。

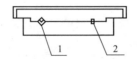

图 4-17　仪器后面板示意图

1—测量电极插座；2—电源插座

2. 仪器键盘说明

仪器键盘符号见表 4-4。

表 4-4　仪器键盘符号说明表

按键	功能
pH\mV	"pH\mV"转换键,pH、mV 测量模式转换
温度	"温度"键,对温度进行手动设定
标定	"标定"键,对 pH 进行定位、斜率标定工作
△	"△"键,此键为数值上升键,按此键"△"为调节数值上升
▽	"▽"键,此键为数值上升键,按此键"▽"为调节数值上升
确认	"确认"键,按此键为确认上一步操作并返回 pH 测量状态或下一种工作状态。此键的另外一种功能是仪器因操作不当出现不正常现象时,可按住此键,然后将电源开关打开,使仪器恢复初始状态
OFF\ON	仪器电源的开关

3. 液晶显示说明

液晶显示见图 4-18。

－18.88:作为 pH、mV 测量数值;

88.8:作为温度显示数值;

pH、mV:作为 pH、mV 测量数值相应显示单位;

℃:作为温度显示单位,℃闪烁时作为温度调节状态;

定位、斜率、测量:分别显示在相应工作状态;

笑脸:测量状态,斜率≥85％时显示;

哭脸:测量状态,斜率＜85％时显示单位,玻璃电极性能下降,应及时更换。

图 4-18　液晶显示示意图

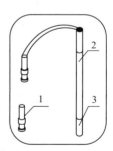

图 4-19　仪器附件图

1—Q9 短路电极(已安装在仪器测量电极插座上);

2—E-201-C 型 pH 复合电极;

3—电极保护套

4. 仪器附件

仪器部分附件见图 4-19。

四、操作步骤

1. 开机前准备

开机前的准备见图 4-20。

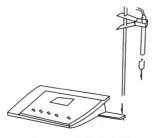

图 4-20 准备示意图

① 将电极梗 [图 4-16(4)] 插入电极梗固定座中 [图 4-16(7)]；

② 将电极夹 [图 4-16(5)] 插入电极梗中 [图 4-16(4)]；

③ 将 E-201-C 型 pH 复合电极 [图 4-19(2)] 安装在电极夹 [图 4-16(5)] 上；

④ 将 E-201-C 型 pH 复合电极下端的电极保护套 [图 4-19(3)] 拔下，并且拉下电极上端的橡胶套使其露出上端小孔；

⑤ 用蒸馏水清洗电极。

PHS-25 操作流程如图 4-21 所示。

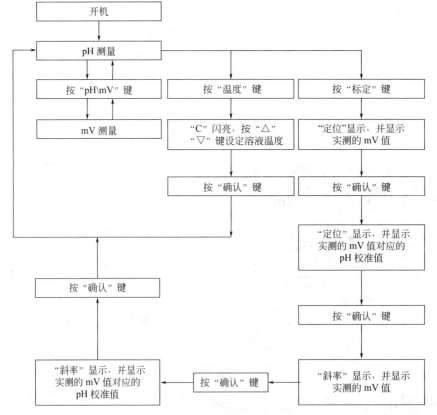

图 4-21 PHS-25 操作流程图

2. 仪器的标定（适用于 pH＝4.00、pH＝6.86、pH＝9.18 标准缓冲溶液）

仪器使用前首先要标定。一般情况下仪器在连续使用时，每天要标定一次。

（1）在测量电极插座［图 4-17（1）］处拔掉 Q9 短路电极［图 4-19（1）］。

（2）在测量电极插座［图 4-17（1）］处插入 E-201-C 型 pH 复合电极［图 4-19（2）］。

（3）打开电源开关，仪器进入 pH 测量状态。

（4）按"温度"键，使仪器进入溶液温度调节状态（此时温度单位℃指示灯闪烁），按"△"键或"▽"键调节温度显示数值上升或下降，使温度显示值和溶液温度一致，然后按"确认"键，仪器确认溶液温度值后回到 pH 测量状态。

（5）把用蒸馏水或去离子水清洗过的电极插入 pH＝6.86（或 pH＝4.00，或 pH＝9.18）标准缓冲溶液中，按"标定"键，此时显示实测的 mV 值，待读数稳定后按"确认"键（此时显示实测的 mV 值对应的温度下标准缓冲溶液的标称值），然后再按"确认"键，仪器转入"斜率"标定状态。溶液的 pH 值与温度关系对照表见附录。

（6）仪器在"斜率"标定状态下，把用蒸馏水或去离子水清洗过的电极插入 pH＝4.00（或 pH＝9.18，或 pH＝6.86）的标准缓冲溶液中，此时显示实测的 mV 值，待读数稳定后按"确认"键（此时显示实测的 mV 值对应的该温度下标准缓冲溶液的标称值），然后再按"确认"键，仪器自动进入 pH 测量状态。如果用户误使用同一标准缓冲溶液进行定位、斜率标定，在斜率标定过程中按"确认"键时，液晶显示器下方"斜率"显示会连续闪烁三次，通知用户斜率标定错误，仪器保持上一次标定结果。

（7）用蒸馏水及被测溶液清洗电极后即可对被测溶液进行测量。

如果在标定过程中操作失误或按键按错而使仪器测量不正常，可关闭电源，然后按住"确认"键后再开启电源，使仪器恢复初始状态。然后重新标定。

注意：经标定后，如果误按"标定"键或"温度"键，则可将电源关掉后重新开机，仪器将恢复到原来的测量的状态。标定的缓冲溶液一般第一次用 pH＝6.86 的溶液，第二次用接近被测溶液 pH 值的缓冲溶液，如被测溶液为酸性时，缓冲溶液应选 pH＝4.00；如被测溶液为碱性时则选 pH＝9.18 的缓冲溶液。

一般情况下，在 24h 内仪器不需再标定。

3. 测量 pH 值

经标定过的仪器，即可用来测量被测溶液，根据被测溶液与标定溶液温度是否相同，其测量步骤也有所不同。具体操作步骤如下。

被测溶液与标定溶液温度相同时，测量步骤如下：

① 用蒸馏水清洗电极头部，再用被测溶液清洗一次；

② 把电极浸入被测溶液中，用玻璃棒搅拌溶液，使其均匀，在显示屏上读出溶液的 pH 值。

被测溶液和标定溶液温度不同时，测量步骤如下：

① 用蒸馏水清洗电极头部，再用被测溶液清洗一次；

② 用温度计测出被测溶液的温度值；

③ 按"温度"键，使仪器进入溶液温度状态（此时℃温度单位指示灯闪亮），按"△"键或"▽"键调节温度显示数值上升或下降，使温度显示值和被测溶液温度值一致，然后按"确认"键，仪器确认溶液温度后回到 pH 测量状态。

④ 把电极插入被测溶液内，用玻璃棒搅拌溶液，使其均匀后读出该溶液的 pH 值。

4. 测量电极电位（mV 值）

（1）打开电源开关，仪器进入 pH 测量状态；按"pH \ mV"键，使仪器进入 mV 测量状态即可；

（2）把 ORP 复合电极夹在电极夹上；

（3）用蒸馏水清洗电极头部，再用被测溶液清洗一次；

（4）把复合电极的插头插入测量电极插座［图 4-17（1）］处；

（5）把 ORP 复合电极插在被测溶液中，将溶液搅拌均匀后，即可在显示屏上读出该离子选择电极的电极电位（mV 值），还可自动显示±极性；

（6）如果被测信号超出仪器的测量（显示）范围，或测量端开路时，显示屏显示"1---mV"，作超载报警。

注意：由于该仪器为 0.1 级，用于测量 mV 时的误差较大，建议用户不要使用该表测量 mV 值。如果选用非复合型的测量电极（包括 pH 电极、金属电极等），则必须使用电极转换器（仪器选购件），将电极转换器的插头插入仪器测量电极插座［图 4-17（1）］处，电极插头插入转换器测量电极插座处，参比电极接入参比电极接口处。

五、仪器维修

仪器的经常地正确使用与维护，可保证仪器正常、可靠地使用，特别是 pH 计这一类的仪器，它具有很高的输入阻抗，需经常接触化学药品，所以更需合理维护。

（1）仪器的输入端（测量电极插座）必须保持干燥清洁。仪器不用时，将 Q9 短路插头插入插座，防止灰尘及水汽侵入。

（2）电极转换器（选购件）专为配用其他电极时使用，平时注意防潮防尘。

（3）测量时，电极的引入导线应保持静止，否则会引起测量不稳定。

（4）仪器所使用的电源应有良好的接地。

（5）仪器采用了 MOS 集成电路，因此在检修时应保证电烙铁有良好的接地。

（6）用缓冲溶液标定仪器时，要保证缓冲溶液的可靠性，不能配错缓冲溶液，否则将导致测量结果产生误差。

六、正确使用与保养电极

目前实验室使用的电极都是复合电极，其优点是使用方便，不受氧化性或还原性物质的影响，且平衡速率较快。使用时，将电极加液口上所套的橡胶套和下端的橡胶套全取下，以保持电极内氯化钾溶液的液压差。下面就把电极的使用与维护简单作一介绍。

（1）复合电极不用时，可浸泡在 3mol/L 的氯化钾溶液中。切忌用洗涤液或其他吸水性试剂浸洗。

（2）使用前，检查玻璃电极前端的球泡。正常情况下，电极应该透明而无裂纹；球泡内要充满溶液，不能有气泡存在。

（3）测量浓度较大的溶液时，尽量缩短测量时间，用后仔细清洗，防止被测液黏附在电极上而污染电极。

（4）清洗电极后，不要用滤纸擦拭玻璃膜，而应用滤纸吸干，避免损坏玻璃薄膜、防止交叉污染，影响测量精度。

（5）测量中注意电极的银-氯化银内参比电极应浸入到球泡内氯化物缓冲溶液中，避免电计显示部分出现数字乱跳现象。使用时，注意将电极轻轻甩几下。

（6）电极不能用于强酸、强碱或其他腐蚀性溶液。

（7）严禁在脱水性介质如无水乙醇、重铬酸钾等中使用。

七、缓冲溶液的配制及其保存

1. 配制方法

（1）pH＝4.00 的溶液：用 GR 邻苯二甲酸氢钾 10.12g，溶解于 1000mL 的高纯去离子水中。

（2）pH＝6.86 的溶液：用 GR 磷酸二氢钾 3.387g、GR 磷酸氢二钠 3.533g，溶解于 1000mL 的高纯去离子水中。

（3）pH＝9.18 的溶液：用 GR 硼砂 3.80g，溶解于 1000mL 的高纯去离子水中。

缓冲溶液选配见图 4-22。

注意：配制第二、第三种溶液所用的水，应预先煮沸 15～30min，除去溶解的二氧化碳。在冷却过程中应避免与空气接触，以防止二氧化碳的污染。

2. 保存

（1）pH 标准物质应保存在干燥的地方，如混合磷酸盐 pH 标准物质在空气湿度较大时就会发生潮解，一旦出现潮解，pH 标准物质即不可使用。

（2）配制 pH 标准溶液应使用二次蒸馏水或者是去离子水。如果是用于 0.1 级 pH 计测量，则可以用普通蒸馏水。

（3）配制 pH 标准溶液应使用较小的烧杯来稀释，以减少沾在烧杯壁上的 pH 标准溶液。存放 pH 标准物质的塑料袋或其他容器，除了应倒干净以外，还应用蒸馏水多次冲洗，然后将其倒入配制的 pH 标准溶液中，以保证配制的 pH 标准溶液准确无误。

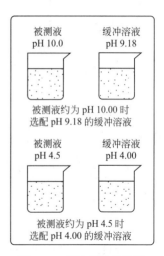

图 4-22　缓冲溶液的选配

（4）配制好的标准缓冲溶液一般可保存 2～3 个月，如发现有浑浊、发霉或沉淀等现象，不能继续使用。

（5）碱性标准溶液应装在聚乙烯瓶中密闭保存。防止二氧化碳进入标准溶液后形成碳酸，降低其 pH 值。

八、电极使用、维护的注意事项

（1）电极在测量前必须用已知 pH 的标准缓冲溶液进行定位校准，其 pH 愈接近被测 pH 愈好。

（2）在每次校准、测量后进行下一次操作前，应该用蒸馏水或去离子水充分清洗电极，再用被测液清洗一次电极。

（3）拆下电极保护套后，应避免电极的敏感玻璃泡与硬物接触，因为任何破损或擦毛都使电极失效。

（4）测量结束，及时将电极保护套套上，电极套内应放少量外参比补充液，以保持电极球泡的湿润，切忌浸泡在蒸馏水中。

（5）复合电极的外参比补充液为 3mol/L 氯化钾溶液，补充液可以从电极上端小孔加入，复合电极不使用时，拉上橡胶套，防止补充液干涸。

（6）电极的引出端必须保持清洁干燥，绝对防止输出两端短路，否则将导致测量失准或失效。

（7）电极应与输入阻抗（$\geq 3 \times 10^{11} \Omega$）较高的 pH 计配套，以使其保持良好的特性。

（8）电极应避免长期浸在蒸馏水、蛋白质溶液和酸性氟化物溶液中。

（9）电极避免与有机硅油接触。

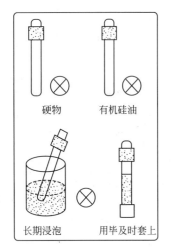

硬物　　　有机硅油

长期浸泡　　用毕及时套上

图 4-23　复合电极使用的注意事项

（10）电极经长期使用后，如发现斜率略有降低，则可把电极下端浸泡在 4% HF（氢氟酸）中 3～5s，用蒸馏水洗净，然后在 0.1mol/L 盐酸溶液中浸泡，使之复新。

（11）被测溶液中如含有易污染敏感球泡或堵塞液接界的物质而使电极钝化，会出现斜率降低，显示读数不准现象。如发生该现象，则应根据污染物质的性质，用适当溶液清洗，使电极复新。

复合电极使用注意事项见图 4-23。

注意：

① 选用清洗剂时，不能用四氯化碳、三氯乙烯、四氢呋喃等能溶解聚碳酸树脂的清洗液，因为电极外壳是用聚碳酸树脂制成的，其溶解后极易污染敏感玻璃球泡，从而使电极失效。也不能用复合电极去测上述溶液。此时请选用 65-1 型玻璃壳 pH 复合电极。

② pH 复合电极的使用，最容易出现的问题是外参比电极的液接界处，液接界处的堵塞。这些是产生误差的主要原因。

九、污染物质和清洗剂参考表

污染物质和清洗剂参考表见表 4-5。

表 4-5　污染物质和清洗剂参考表

污染物	清洗剂
无机金属氧化物	低于 1mol/L 稀酸
有机油脂类物质	稀洗涤剂（弱碱性）
树脂高分子物质	酒精、丙酮、乙醚（玻璃球泡清洗）
蛋白质血球沉淀物	5% 胃蛋白酶 + 0.1mol/L HCl 溶液
颜料类物质	稀漂白液、过氧化氢

十、附录

缓冲溶液的 pH 值与温度关系对照表见表 4-6。

表 4-6　缓冲溶液的 pH 值与温度关系对照表

温度℃	0.05mol/kg 邻苯二甲酸氢钾	0.025mol/kg 混合物磷酸盐	0.01mol/kg 硼砂
5	4.00	6.95	9.39
10	4.00	6.92	9.33
15	4.00	6.90	9.28
20	4.00	6.88	9.23
25	4.00	6.86	9.18
30	4.01	6.85	9.14
35	4.02	6.84	9.11
40	4.03	6.84	9.07
45	4.04	6.84	9.04
50	4.06	6.83	9.03
55	4.07	6.83	8.99
60	4.09	6.84	8.97

任务四　DDS-11A 型电导率仪的使用

一、概述

DDS-11A 型电导率仪（以下简称仪器）是实验室测量水溶液电导率必备的仪器，它广泛地应用于石油化工、生物医药、污水处理、环境监测、矿山冶炼等行业及大专院校和科研单位。若配用适当常数的电导电极，还可用于测量电子半导体、核能工业和电厂纯水或超纯水的电导率。

仪器的主要特点如下：

具有电导电极常数补偿功能；

具有 0～10mV 讯号输出。

二、仪器的主要技术性能

（1）测量范围　仪器的测量范围为 $0～10^5\mu S/cm$，仪器分成 12 挡量程，各挡量程间采用波段开关手动切换，见表 4-7。

表 4-7　电导率的主要技术性能

量程	测量范围/($\mu S/cm$)	测量频率	配套电极
1	0～0.1	低周	DJS-0.1 型光亮电极
2	0～0.3	低周	DJS-0.1 型光亮电极
3	0～1	低周	DJS-1 型光亮电极

量程	测量范围/(μS/cm)	测量频率	配套电极
4	0~3	低周	DJS-1 型光亮电极
5	0~10	低周	DJS-1 型光亮电极
6	0~30	低周	DJS-1 型铂黑电极
7	0~10^2	低周	DJS-1 型铂黑电极
8	0~3×10^2	高周	DJS-1 型铂黑电极
9	0~10^3	高周	DJS-1 型铂黑电极
10	0~3×10^3	高周	DJS-1 型铂黑电极
11	0~10^4	高周	DJS-1 型铂黑电极
12	0~10^5	高周	DJS-10 型铂黑电极

注:测量高电导率时,一般采用大常数的电导电极,当电导率≥1000μS/cm时,采用常数为10的电导电极。当选用常数为10的电导电极时,测量范围扩展为$1\times10^5\mu S/cm$。

(2) 仪器的基本误差:±1.5% FS(第1量程为2.0% FS)。

(3) 输出信号:10mV±0.5%。

(4) 仪器正常工作条件

a. 环境温度:5~35℃;

b. 相对湿度:不大于85%;

c. 供电电源:AC 220V±22V;5Hz±1Hz;

d. 无显著的振动;

e. 除地球磁场外无外磁场干扰。

(5) 外形尺寸($l\times b\times h$,mm×mm×mm):220×160×75。

(6) 质量:2kg。

三、仪器结构

仪器外形示意图如图 4-24 所示。

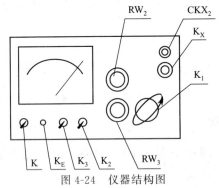

图 4-24 仪器结构图

K—电源开关;K_1—量程选择开关;K_2—校正/测量开关;K_3—高周/低周开关;X_E—电源指示灯;
K_X—电极插口;RW_2—电极常数补偿调节器;RW_3—校正调节器;CKX_2—10mV输出接口

四、仪器的使用

1. 未开电源开关前,观察电表指针是否指零。如指针不在零点,调整电表上的螺丝，使指针指零。

2. 将校正、测量开关 K_2 置于"校正"位置。

3. 插上电源线，开启电源开关，预热仪器数分钟（待仪器指针完全稳定为止），调节校正调节器 RW_3，使仪器的指针在满度位置（指针在1.0处）。

4. 电极常数的校准

将校正、测量开关 K_2 置于"校正"位置，调节"常数"调节旋钮，使"常数"调节旋钮指示在所使用电极的常数标称值。电导电极的常数，通常有0.1、1.0、10三种类型，每种类型电导电极准确的常数值，制造厂均标明在每只电极上。常数调节方法如下。

（1）电极常数为0.1的类型：如电极常数的标称值为0.11，调节"常数"调节旋钮在1.1位置（"常数"值的×10）（测量值＝显示值×0.1）。

（2）电极常数为1.0的类型：如电极常数的标称值为0.95，调节"常数"调节旋钮在0.95位置（测量值＝显示值×1）。

（3）电极常数为10的类型：如电极常数的标称值为10.7，调节"常数"调节旋钮在1.07位置（"常数"值的1/10）（测量值＝显示值×10）。

5. 正确选择电导电极的常数

在电导率测量的过程中，正确选择电导电极常数，对获得较高的测量精度是非常重要的。

仪器可配常数为0.1、0.01、1.0、10四种不同类型的电导电极，用户可根据测量的需要范围，参照表4-8选择相应常数的电导电极。

表4-8 电导率测量范围与对应使用的电导电极常数推荐表

电导率测量范围/(μS/cm)	推荐使用电导电极常数/cm^{-1}
0～1	0.01、0.1
1～100	0.1、1.0
100～1000	1.0（铂黑）
1000～10000	1.0（铂黑）、10
10000～1×10^5	10

注：对常数为1.0、10类型的电导电极有"光亮"和"铂黑"两种形式，镀铂电极习惯称作铂黑电极，对光亮电极其基本测量范围不宜过大，一般控制在0～100μS/cm范围内为宜。

6. 把电导电极插头插入仪器的 K_1 插口，将电极浸入被测溶液中。电极插头座绝对防止受潮，以免造成不必要的测量误差。

注意：三芯电极插头与插座上的定位销对准后，按下插头顶部使插头插入插座。如欲拔出插头，则捏住电极插头的外壳向上拔。

7. 当使用"1"～"7"量程测量电导率低于 100μS/cm 溶液时，高周、低周开关 K_3 置于"低周"位置。当使用"8"～"12"量程测量电导率在 100μS/cm 至 $10^5\mu$S/cm 范围溶液电导率时，高周、低周开关 K_3 置于"高周"位置。再次对仪器进行校准。调节校正调节器 RW_3 使电表的指针指示在满度。

8. 将量程选择开关 K_1 置于所需要的测量范围挡，如预先不知道被测溶液电导率值的大小，应先将量程选择开关 K_1 置于最大的量程挡，然后逐挡下降，以防指针打弯。

9. 将校正/测量开关 K_2 置于"测量"位置，此时把电表指针指示值乘以"量程选择开关" K_1 的满量程值即为被测溶液的电导率值。例如，"量程选择开关" K_1 置于 $0\sim100\mu S/cm$ 量程挡，电极常数选用 $K=1$，电表指针指示值为 0.9，则被测溶液的电导率值为 $(0.9\times100)=90\mu S/cm$。

例如，"量程选择开关" K_1 置于 $0\sim1\mu S/cm$ 量程挡，电极常数选用 $K=0.1$，电表指针指示值为 0.6，则被测溶液的电导率值为 $(0.6\times0.1)=0.06\mu S/cm$，其余类推。测量结果与使用各种不同电导电极常数的关系，见表 4-9。

表 4-9　量程与电导电极常数关系表

量程	测量范围/($\mu S/cm$)	配套电极	测量结果/($\mu S/cm$)
1	$0\sim0.1$	DJS-0.1 型光亮电极	显示值×电极常数
2	$0\sim0.3$	DJS-0.1 型光亮电极	显示值×电极常数
3	$0\sim1$	DJS-1 型光亮电极	显示值×电极常数
4	$0\sim3$	DJS-1 型光亮电极	显示值×电极常数
5	$0\sim10$	DJS-1 型光亮电极	显示值×电极常数
6	$0\sim30$	DJS-1 型铂黑电极	显示值×电极常数
7	$0\sim10^2$	DJS-1 型铂黑电极	显示值×电极常数
8	$0\sim3\times10^2$	DJS-1 铂黑电极	显示值×电极常数
9	$0\sim10^3$	DJS-1 型铂黑电极	显示值×电极常数
10	$0\sim3\times10^3$	DJS-1 型铂黑电极	显示值×电极常数
11	$0\sim10^4$	DJS-1 型铂黑电极	显示值×电极常数
12	$0\sim10^5$	DJS-10 型铂黑电极	显示值×电极常数

10. 如果要了解在测量过程中电导率仪的变化情况，把 10mV 输出接入自动记录仪即可。

11. "量程选择开关" K_1 置于"1"、"3"、"5"、"7"、"9"、"11"各挡时，读取电表上面刻度线数值（$0\sim1.0$）；"量程选择开关" K_1 置于"2"、"4"、"6"、"8"、"10"各挡时，读取电表下面刻度线数值（$0\sim3.0$）。

五、注意事项

（1）高纯水测量注意事项

① 在测量高纯水 0.1 常数时应避免污染、正确选择电导常数的电导电极，采用密封、流动的测量方式，水样的流速不宜太快并避免水样循环不良的情况产生。

② 用户可采用图 4-25 所示的测量槽，槽下方接进水管（聚乙烯管），管道中应无气泡。也可将电极装入 ABS（不锈钢）三通管（G3/4）中，见图 4-26，先将电极套入密封橡胶圈，装入三通管后用螺帽固紧。

③ 为确保测量精度，电极使用前应用小于 $0.5\mu S/cm$ 的去离子水（或蒸馏水）冲洗几次，然后用被测试样冲洗后方可测量。

（2）电极应定期进行常数标定

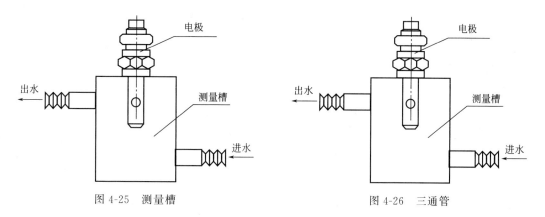

图 4-25　测量槽　　　　　　　　　　　　图 4-26　三通管

（3）仪器有（0～10）mV 输出信号。可外接记录仪，进行电导率的连续监测。

（4）电极的引线不能受潮，否则将影响测量工作的准确性。

（5）测定高纯水时，被测溶液应流过密封电导池。否则其电导率将很快升高，这是因为空气中的 CO_2 溶入高纯水后，就变成了具有导电性能的碳酸根离子 CO_3^{2-} 而影响测量值。

（6）为确保测量精度，电极使用前应用小于 $0.5\mu S/cm$ 的去离子水（或蒸馏水）冲洗几次，然后用被测试样冲洗后方可测量。

（7）盛放被测溶液的容器必须清洁，无离子沾污。

（8）使用结束后，把电极取下在蒸馏水中冲洗干净、并晾干，并用细软布擦拭设备表面目测无清洁剂残留，用清洁布擦干。

六、电导电极的清洗与贮存

（1）电导电极的清洗与贮存　光亮的铂电极，必须贮存在干燥的地方。镀铂黑的铂电极不允许干放，必须贮存在蒸馏水中。

（2）电导电极的清洗

① 用含有洗涤剂的温热水可以清洗电极上有机成分沾污，也可以用酒精清洗。

② 钙、镁沉淀物最好用 10% 柠檬酸冲洗。

③ 光亮的铂电极，可以用软毛刷机械清洗。但在电极表面不可以产生痕迹，绝对不可使用螺丝起子清除电极表面脏物，甚至在用软毛刷机械清洗时，也需要特别注意。

④ 对于镀铂黑的铂电极，只能用化学方法清洗，用软毛刷机械清洗时会破坏镀在电极表面的镀层（铂黑），化学方法清洗可能再生层被破损或被轻度污染铂黑层，应重新标定电极常数。

七、附录

电导电极常数的标定方法

1. 参比溶液法

（1）清洗电极。

（2）配制校准溶液，配制的标准浓度和标准电导率见表 4-10 及表 4-11。

表 4-10　电极常数的 KCl 标准浓度

电极常数/cm^{-1}	0.01	0.1	1	10
KCl 近似浓度/(mol/L)	0.001	0.01	0.01 或 0.1	0.1 或 1

注:KCl 应该用一级试剂,并须在 110℃烘箱中烘 4h,取在干燥器中冷却后方可称量。

表 4-11　KCl 标准浓度及电导率值

温度 /℃	近似浓度/(mol/L)			
	1	0.1	0.01	0.001
	电导率/(S/cm)			
15	0.09212	0.010455	0.0011414	0.0001185
18	0.09780	0.011168	0.0012200	0.0001267
20	0.10170	0.011644	0.0012737	0.0001322
25	0.11131	0.012852	0.0014083	0.0001465
35	0.13110	0.015351	0.0016876	0.0001765

(3) 把电导池接入电桥或电导仪。

(4) 控制溶液温度为 25℃±0.1℃。

(5) 把电极浸入校准溶液中。

(6) 测出电导池电极间电阻 R。

(7) 按下式计算电极常数 J:

$$J = KR$$

式中,K 为溶液标准电导率 (查表可得)。

2. 比较法

用一已知常数的电极与未知常数的电极测量同一溶液的电导率。

(1) 选择一支已知常数的标准电极 (设常数为 $J_标$)。

(2) 把未知常数的电极 (设常数为 J_i) 与标准电极以同样的深度插入液体中 (都应事先清洗)。

(3) 依次把它们接到电导率仪上,分别测出的电导率设为 K_i 及 $K_标$,则由:

$$J_标 / J_i = K_i / K_标$$

得:$J_i = J_标 \times K_标 / K_i$。

1mol/L:20℃下每升溶液中 KCl 为 74.2460g;

0.1mol/L:20℃下每升溶液中 KCl 为 7.4365g;

0.01mol/L:20℃下每升溶液中 KCl 为 0.7440g;

0.001mol/L:20℃下将 100mL 的 0.01mol/L 溶液稀释至 1L。

任务五　WAY-2W 阿贝折射仪的使用

一、仪器用途

折射仪是一种能测定透明、半透明的液体或固体折射率 n_D 和平均色散 $n_F - n_C$ 的仪器 (其中以测透明液体为主)。如仪器上接有恒温器,则可测定温度为 10~50℃内的折射率 n_D。

折射率和平均色散是物质的重要光学常数之一，能借以了解物质的光学性能、纯度、浓度及色散大小等。该仪器能测出糖溶液内的含糖浓度为 $0\sim95\%$（相当于折射率为 $1.333\sim1.531$）。故此种仪器使用范围甚广，是石油工业、油脂工业、制药工业、造漆工业、食品工业、日用化学工业等有关工厂、学校及研究单位不可缺少的常用设备之一。

二、仪器规格

仪器性能参数见表 4-12。

表 4-12 仪器性能参数

测量范围	测量精度	望远镜放大倍数	读数镜放大倍数	仪器质量
$n_D=1.300\sim1.700$	0.0003	2 倍	22 倍	4.9kg

三、基本原理简述

光线在两种不同介质的交界面发生折射现象遵守折射定律：$n_1\sin\alpha_1=n_2\sin\alpha_2$。

图 4-27 中 n_1、n_2 为交界面两侧的二介质的折射率，α_1 为入射角，α_2 为折射角，若光线从光密介质进入光疏介质，入射角小于折射角，改变折射角可以使折射为 $90°$，此时入射角称为临界角，阿贝折射仪测定折射率就是基于测定临界角的原理。

当不同角度光线射入折射棱镜时，如果用望远镜在出射方向观察，可以看到视场一半暗一半亮的明暗分界线（见图 4-28）。

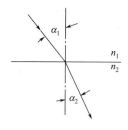

图 4-27 折射原理图

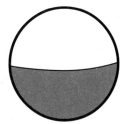

图 4-28 明暗分界线图

使用时将液体放置在进光棱镜和折射棱镜中间。如果测透明固体时，必须有两个互成 $90°$ 角的抛光面，加折射液后在折射棱镜 AB 面上进行测量，如图 4-29 所示。

四、仪器构造

1. 光学系统

光学系统由两部分组成：望远系统与读数系统（见图 4-30）。

望远系统：光线由反光镜（1）进入进光棱镜（2）及折射棱镜（3），被测定液体放在（2）、（3）之间，经阿米西棱镜（4）使抵消由于折射棱镜及被测物体所产生的色散。由物镜（5）将明暗分界

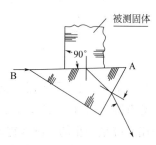

图 4-29 透明固体的测试方法

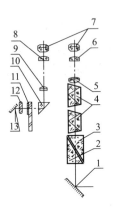

图 4-30　望远系统与读数系统图

1—反光镜；2—进光棱镜；3—折射棱镜；4—阿米西棱镜；

5,9—物镜；6,8—场镜；7—目镜；10—转向棱镜；

11—照明度盘；12—毛玻璃；13—小反光镜

线成像于场镜（6）的平面上，经场镜（6）目镜（7）放大后成像于观察者眼中。

读数系统：光线由小反光镜（13）经过毛玻璃（12）照明度盘（11），经转向棱镜（10）及物镜（9）将刻度成像于场镜（8）的平面上，经场镜（8）目镜（7）放大后成像于观察者眼中。

2. 机械结构

机械结构见图 4-31。

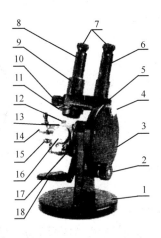

图 4-31　机械结构示意图

1—底座、立柱；2—棱镜旋转手轮；3—圆盘组（内有刻度板）；4—小反光镜；5—支架；

6—读数镜筒；7—目镜；8—望远镜筒；9—示值调节螺钉；10—阿米西棱镜手轮；

11—色散值刻度圈；12—棱镜锁紧手柄；13—棱镜组；14—温度计座；15—恒温器

接头；16—保护罩；17—主轴；18—反光镜

底座、立柱（1）是仪器的支承座，也是轴承座，连接两镜筒的支架（5）与外轴相连，支架上装有圆盘组（3）此支架能绕主轴（17）旋转便于工作者选择合适的工作位置，在无外力作用时应是静止的。圆盘组（3）内有扇形齿轮板，玻璃度盘就固定在齿轮板上，主轴（17）连接棱镜组（13）与齿轮板，当棱镜旋转手轮（2）时扇形板带动主轴，而主轴带动棱镜组（13）同时旋转使明暗分界线位于视场中央。

棱镜组（13）内有恒温水槽，因测量时的温度对折射率有影响，为了保证测定精度在必要时可加恒温器。

如发现棱镜组（13）的两只棱镜座互相不能自锁，可将保护罩（16）下方铰链上两只螺钉适当拧紧。

五、使用方法

1. 准备工作

（1）在开始测定前必须先用标准试样校对读数，将标准试样的抛光面上加一滴溴代萘，贴在折射棱镜的抛光面上，标准试样抛光的一端应向上，以接受光线（见图4-32）。当读数镜内指示于标准试样上的刻值时，观察望远镜内明暗分界线是否在十字线中间，若有偏差则用附件螺丝刀转动示值调节螺钉［图4-31（9）］使用明暗分界线调整至中央［见图4-33（a）］在以后测定过程中示值调节螺钉［图4-31（9）］不允许再动。

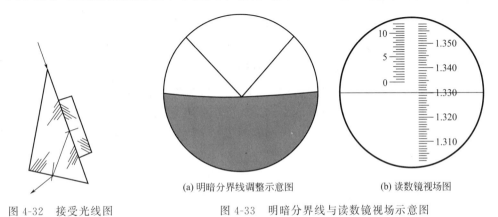

(a) 明暗分界线调整示意图　　　　(b) 读数镜视场图

图4-32　接受光线图　　　　　图4-33　明暗分界线与读数镜视场示意图

（2）开始测定之前必须将进光棱镜及折射棱镜擦洗干净，以免留有其他物质影响测定精度。（若用乙醚或酒精清洗必须等干后再加入被测液体）。

2. 测定工作

（1）将棱镜表面擦干净后把待测液体用滴管加在进光棱镜的磨砂面上，旋转棱镜锁紧手柄［图4-31（12）］，要求液体均匀无气泡并充满视场。（若被测液体为易挥发物则在测定过程中须用针筒在棱镜筒侧面的一小孔内加以补充）

（2）调节两反光镜［图4-31（4）］、（18）］使两镜筒视场明亮。

（3）棱镜旋转手轮［图4-31（2）］使棱镜组［图4-31（13）］转动，在望远镜中观察明暗分界线上下移动，同时旋转阿米西棱镜手轮［图4-31（10）］使视场中除黑白二色外无其他颜色，当视场中无色且分界线在十字线中心时观察读数镜视场右边所指示的刻度值［见图4-33（b）］即为测出的 n_D。

（4）测量固体时，固体上需要两个互成垂直的抛光面。测定时，不用反光镜［图4-31（18）］及进光棱镜，将固体一抛光面用溴代萘粘在折射棱镜上，另一抛光面向上（见图4-32）其他操作上同。若被测固体的折射率大于1.66，则不应用溴代萘粘固体而应改用二碘甲烷。

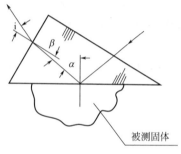

图 4-34　透明固体测试图

（5）当测量半透明固体时，固体上须有一个抛光平面，测量时将固体的一个抛光面用溴代萘粘在折射棱镜上，取下保护罩［图 4-31(16)］作为进光面（见图 4-34），利用反射光来测量，具体操作如上同。

（6）测量糖溶液内含糖量浓度时，操作与测量液体折射率时相同，此时应以从读数视镜场左边所指示值读出，即为糖溶液含糖量浓度。

（7）测定色散值时，转动阿米西棱镜手轮［图 4-31(10)］，直到视场中明暗分界线无颜色为止，此时在色散值刻度圈［图 4-31(11)］记下所指示出的刻值 Z 再记下其折射率 n_D。根据折射率 n_D 值，在色散表的同一行中找出 A 和 B 值，若 n_D 为 1.351 则可以由 n_D 为 1.350 和 1.360 的 A、B 值之差数用内插法求得其 A、B 值。

再根据 Z 值按阿贝折射仪色散表中查出相应的 σ 值来。

假如 Z 值是带小数时，可用它的差值用内插法求出其 σ 值来。

Z 值大于 30 时 σ 值取负值，小于 30 时 σ 值取正值。

按照所求出的 A、B、σ 值代入色散公式，就可求出平均色散值来。

$$n_F - n_c = A + B\sigma \quad （例子附在色散表后）$$

（8）若需测量在不同温度时折射率，将温度计旋入温度计座内。接上恒温器，把恒温器的温度调节到所需测量温度，待温度稳定 10min 后，即可测量。

六、仪器的保养

为了确保仪器的精度，防止损坏，延长使用寿命，请注意维护保养，提出以下要点，以供参考。

（1）仪器长期使用后若主轴偏松，可调节立柱侧面的螺钉。

（2）仪器应置放于干燥、空气流通的室内。防止受潮后光学零件容易发霉。

（3）仪器使用完毕后必须做好清洁工作，并放入箱内。木箱内应贮有干燥剂防止湿气及灰尘侵入。

（4）经常保持仪器清洁，严禁油手或汗手触及光学零件。如光学零件表面有灰尘可用高级鹿皮或脱脂棉蘸酒精乙醚混合液轻擦。

如光学零件表面有油污可用脱脂棉蘸少许汽油轻擦，后用二甲苯或乙醚擦干净。

（5）仪器应避免强烈震动或撞击，以防止光学零件损坏及影响精度。

七、附表

阿贝折射仪色散见表 4-13。

计算按公式 $n_F - n_c = A + B\sigma$。

所有色散刻度圈读数 Z，小于 30 时在表上数值 σ 前取"＋"号，大于 30 时取"－"号。

表 4-13　阿贝折射仪色散表

n_D	A	当 $\Delta n=0.001$ 时 A 之差数×10^{-4}	B	当 $\Delta n=0.001$ 时 B 之差数×10^{-4}	Z	σ	当 $\Delta Z=0.001$ 时 σ 之差数×10^{-4}	Z
1.300	0.02366		0.02742	−16	0	0.000		60
1.310	0.02363	−3	0.02726	−18	1	0.999	1	59
1.320	0.02359	−4	0.02708	−18	2	0.995	4	58
1.330	0.02356	−3	0.02690	−20	3	0.988	7	57
1.340	0.02353	−3	0.02670	−21	4	0.978	10	56
1.350	0.02350	−3	0.02649	−22	5	0.966	12	55
1.360	0.02347	−3	0.02627	−23	6	0.951	15	54
1.370	0.02345	−2	0.02604	−24	7	0.934	17	53
1.380	0.02342	−3	0.02580	−25	8	0.914	20	52
1.390	0.02340	−2	0.02555	−27	9	0.891	23	51
1.400	0.02338	−2	0.02528	−27	10	0.866	25	50
1.410	0.02336	−2	0.02501	−29	11	0.839	27	49
1.420	0.02334	−2	0.02472	−30	12	0.809	30	48
1.430	0.02333	−1	0.02442	−32	13	0.777	32	47
1.440	0.02332	−1	0.02410	−32	14	0.743	34	46
1.450	0.02331	−1	0.02378	−34	15	0.707	36	45
1.460	0.02330	−1	0.02344	−35	16	0.669	38	44
1.470	0.02329	−1	0.02309	−37	17	0.629	40	43
1.480	0.02329	0	0.02272	−38	18	0.588	41	42
1.490	0.02329	0	0.02234	−39	19	0.545	43	41
1.500	0.02329	0	0.02195	−41	20	0.500	45	40
1.510	0.02329	0	0.02154	−43	21	0.454	46	39
1.520	0.02330	+1	0.02111	−44	22	0.407	47	38
1.530	0.02331	+1	0.02067	−46	23	0.358	49	37
1.540	0.02333	+2	0.02021	−48	24	0.309	49	36
1.550	0.02334	+1	0.01973	−50	25	0.259	50	35
1.560	0.02337	+3	0.01923	−51	26	0.208	51	34
1.570	0.02339	+2	0.01872	−54	27	0.156	52	33
1.580	0.02342	+3	0.01818	−56	28	0.104	52	32
1.590	0.02346	+4	0.01762	−58	29	0.052	52	31
1.600	0.02350	+4	0.01704	−61	30	0.000	52	31
1.610	0.02355	+5	0.01643	−63				
1.620	0.02360	+6	0.01580	−66				
1.630	0.02366	+7	0.01514	−70				
1.640	0.02373	+8	0.01444	−73				
1.650	0.02381	+9	0.01371	−77				
1.660	0.02390	+11	0.01294	−81				
1.670	0.02401	+12	0.01213	−87				
1.680	0.02413	+14	0.01126	−92				
1.690	0.02427	+16	0.01034	−99				
1.700	0.02443		0.00935					

注:折射棱镜色散角$=58°$,阿米西棱镜最大角色散 $2K=145.3'$,折射棱镜的色散率 $n_D=1.75518$,折射棱镜的平均色散 $n_F-n_C=0.02746$。

以测定蒸馏水的平均色散为例:

在温度为 20℃ 时 $n_D=1.3330$

色散值刻度圈上的读数为:

	按某一方向旋转	按相反方向旋转
	43.7	43.6
	43.7	43.6
	43.5	43.6
	43.7	43.6
	43.6	43.7
平均值为	43.64	43.62

总平均值为 $Z=43.63$

从色散表中查出

当 $n_D=1.3330$ 时 $A=0.023551$ $B=0.02684$

当 $Z=43.63$ 时 $\sigma=-0.6542$（因 Z 值大于 30，σ 取负值）

$n_F-n_C=A+B\sigma=0.023551-0.02684\times0.6542=0.00599$

任务六　UV754N 紫外可见分光光度计的使用

一、仪器的工作原理和用途

　　分光光度计，如图 4-35、图 4-36 和图 4-37 所示，其基本原理是溶液中的物质在光的照射激发下，产生了对光的吸收效应，物质对光的吸收是具有选择性的。各种不同的物质都具有其各自的吸收光谱，因此当某单色光通过溶液时，其能量就会被吸收而减弱，光能量减弱的程度和物质的浓度有一定的比例关系，即符合于比色原理（比耳定律），如图 4-38 所示。

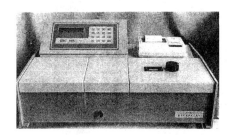

图 4-35　仪器外形图

图 4-36　仪器的键盘图

图 4-37　LCD 显示窗图

$$\tau=I/I_0$$

$$\log I_0/I=KcL$$

$$A=KcL$$

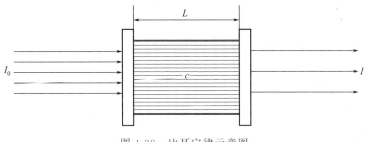

图 4-38 比耳定律示意图

式中　τ——透射比；

　　　I_0——入射光强度；

　　　I——透射光强度；

　　　A——吸光度；

　　　K——吸收系数；

　　　L——溶液的光径长度；

　　　c——溶液的浓度。

从以上公式可以看出，当入射光、吸收系数和溶液的光径长度不变时，透射光是根据溶液的浓度而变化的，UV754N 紫外可见分光光度计的基本原理是根据上述之物理光学现象而设计的。

UV754N 紫外可见分光光度计能在紫外、可见光谱区域对样品物质作定性和定量的分析。该仪器可广泛地应用于医药卫生、临床检验、生物化学、石油化工、环境保护、质量控制等部门，是理化实验室常用的分析仪器之一。

二、仪器的主要技术指标、规格及特点

1. 技术指标、规格

（1）仪器类别　B 类。

（2）光学系统　单光束、衍射光栅。

（3）显示　2×20 字 LCD 显示。

（4）波长范围　200～800mm。

（5）光源　DD2.5A 氘灯，卤钨灯 12V（30W）。

（6）接收元件　光电池。

（7）波长标准度　±2nm。

（8）波长重复性　≤1nm。

（9）光谱带宽　4nm。

（10）杂光　≤0.5%τ（在 220nm、340nm 处）。

（11）透射比测量范围　0.0%τ～200.0%τ。

（12）吸光度测量范围　−0.301～3.000A。

（13）浓度直读范围　0000～3999。

（14）透射比准确度　±0.5%τ（以 NBS930D 测试）。

（15）透射比重复性　≤0.2%τ。

（16）噪声　100%噪声≤0.3%τ，0%噪声≤0.2%τ。

（17）稳定性　亮电流≤0.5%τ/3min，暗电流≤0.2%τ/3min。

（18）打印　外接高速热敏打印机。

（19）电源　AC 220V±22V，50Hz±1Hz。

（20）外形尺寸　570mm×400mm×260mm。

（21）净重　30kg。

2. 产品特点

（1）通过 LCD 显示可直接显示测量数据和当前比色皿的位置，使测量一目了然。

（2）自动调整"0"和"100"，可直接消除比色皿配对的误差。

（3）通过功能键的设定可通过打印机进行数据打印和时间间隔打印（动力学测定）。

（4）通过键盘输入可直接进行浓度直读和浓度线形回归的运算，并通过打印机将测试数据打印。

三、仪器的工作环境

（1）仪器应安放在干燥的房间内，环境温度为 5～35℃，相对湿度不超过 85%。

（2）使用时放置在坚固平稳的工作台上，且避免强烈的震动或持续的振动。

（3）室内照明不宜太强，且避免直射日光的照射。

（4）电扇不宜直接向仪器吹风，以免因气流影响仪器的正常使用。

（5）尽量远离高强度的磁场、电场及发生高频波的电器设备。

（6）供给仪器的电源电压为 AC 220V±22V，频率为 50Hz±1Hz，并必须装有良好的接地线。推荐使用交流稳压电源，以加强仪器的抗干扰性能。使用功率为 500W 以上的电子交流稳压器或交流恒压稳压器。

（7）避免在有硫化氢、亚硫酸氟等腐蚀气体的场所使用。

四、仪器的光学原理

仪器的光学原理见图 4-39。

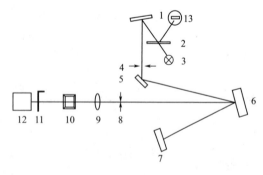

图 4-39　UV754N 紫外可见分光光度计光学原理

1—聚光镜；2—滤色片；3—钨卤素灯；4—进狭缝；

5—反射镜；6—准直镜；7—光栅；8—出狭缝；

9—聚光灯；10—样品架；11—光门；12—光

电池；13—氘灯

UV754N 紫外可见分光光度计采用光栅自准式色散系统和但光束结构光路，布置如图 4-39 所示。

氘灯、钨卤素灯发出的连续辐射光经滤色片选择后，由聚光镜聚光后投向单色器进光狭缝，此狭缝正好于聚光镜及单色器内准直径的焦平面上，因此进入单色器的复合光通过平面反射镜反射及准直镜准直变成平行光射向色散元件光栅，光栅将入射的复合光通过衍射作用形成按照一定顺序均匀排列的连续的单色光谱，此单色光谱重新回到准直镜上，由于仪器出射狭缝设置在准直镜的焦平面上，这样，从光栅色散出来的光谱经准直镜后利用聚光原理成像在出射狭缝上，出射狭缝选出指定带宽的单色光通过聚光镜落在试样室被测样品中心，样品吸收后透射的光经光门射向光电池接收。

五、仪器的使用

1. 开机

在第一次使用仪器前，先按仪器附件备件清单检查仪器的所有附件备件。在使用之前应先确认仪器的工作电源，将打印机连接至主机，检查仪器样品室应没有遮挡光路的物品，将样品比色皿架推至底。确认后先开启打印机的电源，然后开启主机电源。显示如下。

| UV754N   V1.0 SPECTROPHOTOMETER | 仪器自检 |

| T＝xx. x   R | 自检结束后显示 |

2. 键盘说明

（1）τ/A/C 键为测量模式键，按此键测量模式可在 τ、A、C 之间选择，同时在显示窗显示，在"C"方式时，按此键将直接终止"C"的测量方式转入"τ"和"A"方式，按此键即可终止定时打印和浓度线形回归计算功能。

（2）调满度/调零键为仪器自动调"0%τ"和调"0A"键。按此键仪器将自动执行调"100%τ"和"0A"，显示窗显示"PLEASE WAIT"，此过程需要几秒钟。

（3）打印键为打印输出键。此键的使用与功能所选择的打印方式有关。功能选择"DATE PRINT"，按键将执行数据打印，功能选择"TIME PRINT"时，此键将执行时间打印。

（4）功能键为仪器功能键，按键可选择"DATE PRINGT＝1"和"TIME PRINT＝2"打印方式，同时在显示窗显示。此项功能只在"τ"和"A"方式中有效，如进行"C"方式测试后，要在"τ"和"A"方式进行打印时，请重新进行设置。

（5）清除键为输入数据的清除键，按此键可清除输入尚无确定的数据。

（6）退出键为返回键，在"C"方式数据输入过程中，如有输入错误需要重新输入，按此键可返回至"C"方式的开始界面，重新输入数据。

（7）确认键为确认数据的输入键，按此键后所选择和输入的数据将被仪器接收。在"C"方式中作为测量数据的确认键。

（8）数字键和符号键将进行数据和符号的输入。

注意：需要使用波长范围在330～370nm 时，请将附件中的圆筒型滤色片套入样品室中的镜筒上。在其他波长时不需使用该滤色片。

3. 消除比色皿配对误差方法的使用

产品具有可消除因比色皿配对误差引起的测量误差。

通常在参考位置"R"进行调"0％τ"和调"100％τ"，此时样品位置"S_1、S_2、S_3"以"R"为参考，全部置"0％τ"或"100％τ"，如"S_1"位置上比色皿配对存在误差，可先在"R"位置上先进行调"0％τ"调"100％τ"，然后将比色皿位置移动到"S_1"位置上，按 调满度/调零 键，这样"S_1"位置上的比色皿误差就可消除。而其他位置"S_2"、"S_3"仍以 R 为参考置"0％τ"、置"100％τ"。

注意：如再在"R"位置上再按 调满度/调零 键置"0"、置"100"，这时"S_1"、"S_2"、S_3就以"R"为参考，全部置"0"或"100"，取消扣除比色皿误差的功能。

六、仪器的维护

（1）当仪器停止工作时，应关闭仪器电源开关，再切断电源。

（2）为了避免仪器积灰和沾污，在停止工作的时间里，用防尘罩罩住仪器，同时在罩子内放置数袋防潮剂，以免灯室受潮、反射镜镜面发霉或沾污，影响仪器日后的工作。

（3）仪器工作数月或搬动后，要检查波长准确度，以确保仪器的使用和测定精度。

七、仪器的调校和故障分析

仪器使用较长时间后，仪器的性能指标有所变化，需要进行调校或修理，现简单介绍，以供参考。

1. 钨卤素灯的更换

光源灯是易损件，当损坏件更换或由于仪器搬运后均可能偏离正常的位置，为了使仪器有足够的灵敏度，正确地调整光源灯的位置则显得更为重要，在更换光源灯时应戴上手套，以防止沾污灯壳而影响发光能量。

UV754N 紫外可见分光光度计的光源灯采用 12V、30W 插入式钨卤素灯，更换时应先切断电源，然后用附件中的扳手旋松灯架上的两个紧固螺钉，取出损坏的钨卤素灯，换上新灯，将仪器的波长置于 500nm 处，开启仪器电源，移动等上、下、左、右位置，直到成像在进光狭缝上。在 τ(T) 状态，不按 调满度/调零 键，观察显示读数，调整灯使显示读数为最高即可。最后将两个螺钉拧紧。

2. 氘灯的更换

UV754N 紫外可见分光光度计采用 DD2.5A 氘灯，更换时应先切断电源，然后旋松氘灯灯架上的紧固螺钉，取出损坏的氘灯，换上新灯，注意氘灯的接线位置，将仪器的波长置于 200nm 处，开启仪器电源，移动灯上、下、左、右位置，直到成像在进光狭缝上。在 τ(T) 状态，不按 调满度/调零 键，观察显示读数，调整灯使显示读数为最高即可。最后将螺钉旋紧。

注意：两个紧固螺钉为钨卤素灯电源的输出电压端，当灯电亮时，千万不可短路，否则，将损坏灯电源电路元件。氘灯的更换请注意接线的位置。刚使用过的钨卤素灯、氙灯更换，请注意烫手、氙灯不可长时间的观看。

3. 波长准确度校验

UV754N 紫外可见分光光度计采用镨钕滤光片 529nm、808nm 两个特征吸收峰（需经标定），通过逐点测试法来进行检定及校正。

本仪器分光系统采用光栅作为色散元件，其色散是线性的，因此波长分度的刻度也是线性的。当通过逐点测试法记录的刻度波长与镨钕滤光片特征吸收波长值超出误差时，则可卸下波长手轮，旋松波长刻度盘上的三个定位螺钉，将刻度指示置特征吸收波长值，旋紧螺钉即可（误差应不超过±2nm）。

4. 故障分析

常见故障排除方法见表 4-14。

表 4-14　UV754N 紫外可见分光光度计故障诊断表

故障现象	故障原因	排除方法
开启电源开关,仪器无反应	1. 电源未接通 2. 电源保险丝断 3. 仪器电源开关接触不良	1. 检查供电电源 2. 更换保险丝 3. 更换仪器电源开关。
显示不稳定	1. 仪器预热时间不够 2. 环境振动过大,光源附近气流过大或外界强光照射 3. 电源电压不良 4. 仪器接地不良	1. 保证开机时间 20min 2. 改善工作环境 3. 检查电源电压 4. 改善接地状况
调不到 0%	1. 光门卡死 2. 放大器坏	1. 修理光门 2. 修理放大器
调不到 100%	1. 钨卤素灯、氙灯不亮 2. 光路不准 3. 放大器坏	1. 检查灯电源电路(修理) 2. 调整光路 3. 修理放大器
浓度计算失准	显示板坏	修理或更换显示板

任务七　FDY 双液系沸点测定仪的使用

一、简介

液体的沸点是指液体饱和蒸气压和外压相等时的温度，在一定外压下，纯液体的沸点有一确定值。任意两种液体混合组成的体系称为双液体系。对完全互溶的二元体系，沸点还跟组成有关。把两种完全互溶的挥发性液体混合后，在一定温度下，平衡共存的气、液两相组成不同，因此在恒压下将溶液蒸馏，测定蒸馏物（气相）蒸馏液（液相）的组成，就能找出平衡时气、液两相的成分，并绘制出蒸馏相图。

FDY 双液系沸点测定装置就是根据这个原理专门为高校设计、开发出的一体式双液系沸点测定装置，是将精密数字温度计、数字恒流源等集成一体。具有体积小，使用方便，显示清晰直观、可靠等特点，是做双液系沸点实验的理想实验装置。

二、技术条件

1. 技术指标

温度测量范围	$-50\sim150℃$	电源输出范围	$0\sim15V$
温度测量分辨率	$0.1℃（0.01℃）$	电压分辨率	$0.01V$

2. 使用条件

（1）电源　电压：$\sim220V\pm10\%$。频率：50Hz。

（2）环境　温度：$-5\sim50℃$。湿度：$\leqslant85\%$。

（3）无腐蚀性气体的场合。

三、使用说明

1. 前面板示意图

前面板示意图如图4-40所示。

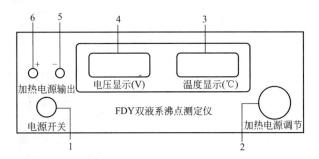

图4-40　前面板示意图

1—电源开关；2—加电源调节；3—温度显示窗口；4—电压显示窗口；

5—负接线柱（加热电源输出负极接线柱）；6—正极接线柱

（加热电源输出正极接线柱）

2. 后面板示意图

后面板示意图如图4-41所示。

3. 实验装置连接图

实验装置连接见图4-42。

4. 使用步骤

（1）将传感器航空插头插入后面板上的"传感器"插座；

（2）将$\sim220V$电源插入后面板上的电源插座；

（3）按图连接好沸点仪实验装置，传感器勿与加热丝相碰；

（4）接通冷凝水，量取20mL乙醇从侧管加入蒸馏瓶内，并使传感器浸入溶液内。打开电源开关，调节"加热电源调节"旋钮，调节电压显示器$0\sim15V$，使加热丝将液体加热至缓慢沸腾，因最初在冷凝管下端小槽内的液体不能代表平衡时气相的组成，为加速达到平衡故须打开阀门，放掉该液体，重复三次（注意：加热时间不宜太长，以免

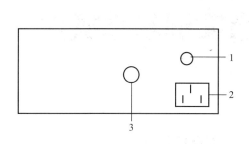

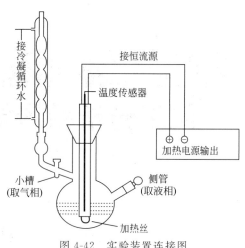

图 4-41　后面板示意图

1—保险丝（2A）；2—电源插座（接～220V电源）；

3—传感器插座（将传感器的航空插头插入此插座）

图 4-42　实验装置连接图

物质挥发）。待温度稳定后，记下乙醇的沸点；

（5）通过侧管加 0.5mL 环己烷于蒸馏瓶中，加热至沸腾，待温度变化缓慢时，同上法放掉三次，温度基本不变时记下沸点，用吸管从小槽中取出气相冷凝液装瓶，从侧管处吸出少许液相混合体装瓶；

（6）依次再加入 1mL、2mL、4mL、12mL 环己烷，同上法测定溶液的沸点和气、液相的吸取；

（7）将溶液倒入回收瓶，用吹风机吹干蒸馏瓶；

（8）从侧管加入 20mL 环己烷，测其沸点；

（9）在依次加入 0.2mL、0.4mL、0.6mL、1.0mL、1.2mL 乙醇，按上法测其沸点气、液相的吸收。每份样品的读数次数及平均值由实验需要而定；

（10）关闭仪器和冷凝水，将溶液倒入回收瓶。

四、维护注意事项

（1）加热丝一定要被液体浸没，否则通电加热时可能会引起有机液体燃烧；

（2）加热功率不能太大，加热丝上有小气泡即可；

（3）温度传感器不要直接碰到加热丝；

（4）一定要使体系达到平衡，即温度读数稳定后再取样；

（5）本套仪器外加阿贝折射仪，可测双液系的汽液平衡相图。

化工分析检测综合实训基本操作

任务一　玻璃仪器的洗涤

一、一般洗涤仪器的方法

1. 对普通玻璃容器，倒掉容器内物质后，可向容器内加入 1/3 左右自来水冲洗，再选用合适的刷子，依次用洗衣粉和自来水刷洗，如图 5-1 所示。最后用洗瓶挤压出蒸馏水水流涮洗，将自来水中的金属离子洗净。注意，不要同时抓多个仪器一起刷，以免仪器破损。

图 5-1　用试管刷刷试管

2. 对于那些无法用普通水洗方法洗净的污垢，需根据污垢的性质选用适当的试剂，通过化学方法除去。

垢　迹	处　理　方　法
MnO_2、$Fe(OH)_3$、稀土金属的碳酸盐	用盐酸处理，对于 MnO_2 垢迹，盐酸浓度要大于 6mol/L。也可以用少量草酸加水，并加几滴浓硫酸来处理 $MnO_2+H_2C_2O_4+H_2SO_4 \longrightarrow MnSO_4+2CO_2\uparrow+2H_2O$
沉积在器壁上的银或铜	用硝酸处理
难溶的银盐	用 $Na_2S_2O_3$ 溶液洗涤，Ag_2S 需用热、浓硝酸处理
黏附在器壁上的硫黄	用煮沸的石灰水处理 $3Ca(OH)_2+12S \longrightarrow 2CaS_5+CaS_2O_3+3H_2O$
残留在容器内的 Na_2SO_4 或 $NaHSO_4$ 固体	加水煮沸使其溶解，趁热倒掉
不溶于水，不溶于酸、碱的有机物和胶质等	用有机溶剂洗或者用热的浓碱液洗。常用的有机溶剂有乙醇、丙酮、苯、四氯化碳、石油醚等
瓷研钵内的污迹	取少量食盐放在研钵内研细，倒去食盐，再用水冲洗
蒸发皿和坩埚上的污迹	用浓硝酸、王水或重铬酸盐洗液

重铬酸盐洗液的具体配法是：将 25g 重铬酸盐固体在加热条件下溶于 50mL 水中，然后向溶液中加入 450mL 浓硫酸，边加边搅动。切勿将重铬酸钾加到浓硫酸中。装洗液的瓶子应盖好盖，以防吸潮。使用洗液时要注意安全，不要溅到皮肤、衣物上。重铬酸盐洗液可反复使用，直至溶液变成绿色时失去去污能力。失去去污能力的洗液要按照

废液处理的办法处理，不要随意倒入下水道。

王水为一体积浓硝酸和三体积浓盐酸的混合溶液，因王水不稳定，所以使用时应现用现配。

二、度量仪器的洗涤方法

度量仪器的洗净程度要求较高，有些仪器形状又特殊，不宜用毛刷刷洗，常用洗液进行洗涤。度量仪器的具体洗涤方法如下。

（1）滴定管的洗涤

先用自来水冲洗，使水流净。酸式滴定管将旋塞关闭，碱式滴定管除去乳胶管，用橡胶乳头将管口下方堵住。加入约 15mL 铬酸洗液，双手平托滴定管的两端，不断转动滴定管并向管口倾斜，使洗液流遍全管（注意：管口对准洗液瓶，以免洗液外溢!），可反复操作几次。洗完后，碱式滴定管由上方将洗液倒出，酸式滴定管可将洗液分别由两端放出，再依次用自来水和纯水洗净。如滴定管太脏，可将洗液灌满整个滴定管浸泡一段时间，此时，在滴定管下方应放一烧杯，防止洗液流在实验台面上。

（2）容量瓶的洗涤

先用自来水冲洗，将自来水倒净，加入适量（15～20mL）洗液，盖上瓶塞。转动容量瓶，使洗液流遍瓶内壁，将洗液倒回原瓶，最后依次用自来水和纯水洗净。

（3）移液管和吸量管的洗涤

先用自来水冲洗，用吸耳球吹出管内残留的水。以移液管的洗涤为例，将移液管插入铬酸洗液瓶内，吸入约 1/4 容积的洗液。用右手食指堵住移液管上口，将移液管横置过来，左手托住没沾洗液的下端，右手食指松开，平移移液管，使洗液润洗内壁，然后放出洗液于瓶中。如果移液管太脏，可在移液管上口接一段橡胶管，再以吸耳球吸取洗液至管口处，以自由夹夹紧橡胶管，使洗液在移液管内浸泡一段时间，拔出橡胶管，将洗液放回瓶中，最后依次用自来水和纯水洗净。

除了上述清洗方法之外，现在还有超声波清洗器。只要把用过的仪器放在配有合适洗涤剂的溶液中，接通电源，利用声波的能量和振动，就可以将仪器清洗干净。

三、洗净的标准

洗净标准见图 5-2。

凡洗净的仪器，应该是清洁透明的。当把仪器倒置时，器壁上只留下一层既薄又均匀的水膜，器壁不应挂水珠。凡是已经洗净的仪器，不要用布或软纸擦干，以免使布或纸上的少量纤维留在器壁上反而沾污了仪器。

四、仪器的干燥

有一些无水条件下的无机实验和有机实验必须在干净、干燥的仪器中进行。常用的干燥方法有如下几种。

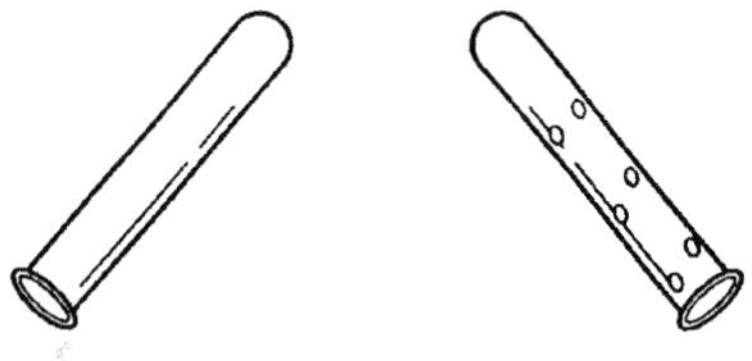

1. 晾干 ［见图 5-3（a）］

将洗净的仪器倒立放置在适当的仪器架上或

(a)洗净：水均匀分
布(不挂水珠)

(b)未洗净：器壁附着
水珠(挂水珠)

图 5-2　洗净与未洗净仪器示意图

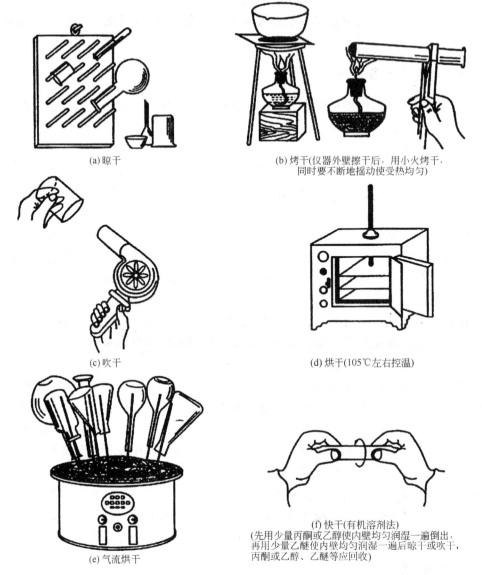

(a) 晾干

(b) 烤干(仪器外壁擦干后，用小火烤干，同时要不断地摇动使受热均匀)

(c) 吹干

(d) 烘干(105℃左右控温)

(e) 气流烘干

(f) 快干(有机溶剂法)
(先用少量丙酮或乙醇使内壁均匀润湿一遍倒出，再用少量乙醚使内壁均匀润湿一遍后晾干或吹干，丙酮或乙醇、乙醚等应回收)

图 5-3　仪器的干燥

者仪器柜内，让其在空气中自然干燥，倒置可以防止灰尘落入，但要注意放稳仪器。

2. 烤干［见图 5-3(b)］

用煤气灯小心烤干。一些常用的烧杯、蒸发皿等可置于石棉网上用小火烤干。烤干前应擦干仪器外壁的水珠。试管烤干时应使试管口向下倾斜，以免水珠倒流炸裂试管。烤干时应先从试管底部开始，慢慢移向管口，不见水珠后再将管口朝上，把水汽赶尽。

3. 吹干［见图 5-3(c)、(e)、(f)］

用热或冷的空气流将玻璃仪器吹干，所用仪器是电吹风机［见图 5-3(c)］或玻璃仪器气流干燥器［见图 5-3(e)］。用吹风机吹干时，一般先用热风吹玻璃仪器的内壁，待干后再吹冷风使其冷却。如果先用易挥发的溶剂如乙醇、乙醚、丙酮等淋洗一下仪器，将淋洗液倒净，然后用吹风机按冷风-热风-冷风的顺序吹，则会干得更快［见图 5-3(f)］。

4. 烘干 ［见图 5-3(d)］

将洗净的仪器放入电热恒温干燥箱内加热烘干。

恒温干燥箱（简称烘箱）是实验室常用的仪器，常用来干燥玻璃仪器或烘干无腐蚀性、热稳定性比较好的药品，但挥发性易燃品或刚用乙醇、丙酮淋洗过的仪器切勿放入烘箱内，以免发生爆炸。烘箱带有自动控温装置和温度显示装置。

烘箱最高使用温度可达 $200\sim300℃$，常用温度在 $100\sim120℃$。玻璃仪器干燥时，应先洗净并将水尽量倒干，放置时应注意平放或使仪器口朝上，带塞的瓶子应打开瓶塞，如果能将仪器放在托盘里则更好。一般在 $105℃$ 加热 $15min$ 左右即可干燥。最好让烘箱降至常温后再取出仪器。如果热时就要取出仪器，应注意用干布垫手，防止烫伤。热玻璃仪器不能碰水，以防炸裂。热仪器自然冷却时，器壁上常会凝上水珠，这可以用吹风机吹冷风助冷而避免。烘干的药品一般取出后应放在干燥器里保存，以免在空气中又吸收水分。

还应注意，一般带有刻度的计量仪器，如移液管、容量瓶、滴定管等不能用加热的方法干燥，以免热胀冷缩影响这些仪器的精密度。应该晾干或使用有机溶剂快干法。

任务二　试剂的取用

一、取用试剂的一般操作规则

（1）不能用手或不洁净的用具接触试剂。

（2）瓶塞、药匙、滴管都不得相互串用。

（3）每次取用试剂后都应立即盖好试剂瓶盖，并把瓶子放回原处，使瓶上标签朝外。

（4）取用试剂应当是用多少取多少。取出的多余试剂不得倒回原试剂瓶，以防污染整瓶试剂！对确认可以再用的（或派做别用的）要另用清洁容器回收。

（5）取用试剂时，转移的次数越少越好（减少中间污染）。

（6）不准品尝试剂（教师指定者除外)！不要把鼻孔凑到容器口去闻试剂的气味，只能用手将试剂挥发物招至鼻处，嗅不到气味时可稍离近些再招。防止受强烈刺激或中毒！

二、固体试剂的取用

（1）取用小颗粒或粉末状试剂可使用药匙。药匙的两端分别为大小两匙。取少量试剂时可利用小匙。往试管里装入粉末状固体时，应先将试管平斜，把盛有试剂的药匙小心地送入试管底部，然后翻转药匙并使试管直立，试剂即可全部落到底部（见图 5-4）。药匙用毕要立即用洁净的纸擦拭干净。

（2）往试管（或烧瓶）中装入粉末状试剂时，为了避免沾在管口和管壁上，可把粉末平铺在用小的纸条折叠成的纸槽中（见图 5-5）。再把纸条平伸入试管中，直立后轻轻抖动，试剂将顺利地落到容器底部。

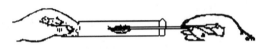

图 5-4　用药匙往试管中装试剂

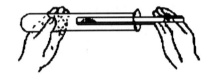

图 5-5　用纸条将试剂送入试管中

（3）取用块状试剂可用洁净干燥的镊子夹取。将块状试剂放入玻璃容器（如试管、烧瓶等）时，应先把容器平放，把块状试剂放入容器口后缓缓地竖立容器，使块状试剂沿器壁滑到容器底部，以免把玻璃容器底砸破。

三、液体试剂的取用

1. 倾注

液体试剂通常都盛在细口试剂瓶中。取用时先打开瓶塞（如瓶塞上沾有液体，应在瓶口处轻轻地刮掉），随手将瓶塞倒放在台面上（见图 5-6）。握住瓶子倾倒时，要注意使瓶上的标签正对掌心的方向，使倾倒过程中万一有液滴淌下时，不致污染或腐蚀标签。

当从试剂瓶直接往小口容器（如试管或其他细口瓶等）中倾注液体时，应使瓶口边缘与受器内口的边缘相抵，缓缓倾倒（见图 5-6）。当往试管中注入液体时，应以拇指与食指、中指相对捏住试管上部近口处，以便于控制管口位置和观察液体的注入量。倾注完毕时，试剂瓶口上剩下的最后一滴，不应让它淌在瓶子的外壁上，要随手用受器的内口边缘、玻璃棒或原瓶塞把液滴轻轻刮掉。

图 5-6　往试管中倾注液体

图 5-7　用玻璃棒导引液流

当往小口容器内转移液体时，也可以借助漏斗。往烧杯（或其他大口容器）中倾倒液体时，可用玻璃棒引流（见图 5-7）。

2. 用滴管转移液体

转移少量液体或逐滴滴加液体时，都可使用滴管。滴管可以是自制的或滴瓶上所附专用的。使用时，先用拇食指捏瘪橡胶乳头，赶出滴管中的空气（视所需吸入液体多少，决定捏瘪的程度），然后把滴管伸入液面以下，再轻轻放开手指，液体遂被吸入（见图 5-8）。

图 5-8　将溶液吸入滴管　　　　　　　图 5-9　用滴管转移溶液

用滴管往容器中转移液体时，根据需要接受的容器可直立或稍微倾斜，但滴管必须垂立于容器口的上方，其尖嘴不得接触容器壁，然后轻捏胶头使液体缓缓地逐滴滴入（见图 5-9）。如受器倾斜，液滴可沿器壁自然淌下而避免迸溅。

使用滴管时，未经洗净，不准连续吸取不同液体。不许把滴管平放在台面上（应插在专用的试管或烧杯中），以防沾污。滴管用毕要及时洗净。洗净的方法是挤净液体后，反复吸、射蒸馏水。

每次用滴管吸入的液体量以不超过管长的 2/3 为宜，吸液后的滴管不准平持，更不准将尖嘴向上倾斜。滴管的胶头内如果吸入液体，必须摘下来反复冲洗晾干后，装上再用。

滴瓶上的滴管用毕应立即插回原瓶（不需清洗）。滴瓶上的滴管是原装磨口配套的，即使洗净后也不能串换。

在使用浓酸、浓碱等强腐蚀性试剂时，要特别小心，防止皮肤或衣物等被腐蚀。

（1）氢氧化钠或氢氧化钾等浓碱液万一溅到皮肤上，应先用大量水冲洗，然后用 2%～3% 硼酸溶液冲洗。浓碱液流到实验台上，立即用湿抹布擦净，再用水冲洗抹布。沾在衣服上的浓碱液，也要立即用水冲洗。

（2）硫酸、硝酸、盐酸等沾到皮肤（或衣物）上，应立即用大量水冲洗，然后用 3%～5% 碳酸氢钠水溶液冲洗。如皮肤上沾到较大量的浓硫酸时，不宜先用水冲（以免烫伤），可迅速用干布或脱脂棉拭去，再用大量水冲。

（3）万一眼睛里溅进了酸或碱液，要立即用水冲洗，千万不要用手揉眼睛！洗时要眨眼睛，并及时请医生治疗。

任务三　仪器的装配

化学实验中常需要把多件仪器，按一定的要求组装成套，组装的基本要求是：科学、安全、方便、美观。组装时既要遵循一定程序，又要灵活掌握。

一、仪器和零部件的连接

（1）玻璃管跟橡胶管的连接　首先，选用玻璃管的管口必须事先用火灼熔过，以去掉其锋利的断口。选用内径稍小于玻璃管外径的橡胶管，在管端蘸点水作滑润剂，或用嘴吹一吹使橡胶管口内壁微潮并温软，两手分别捏住两管口的近端，将橡胶管从下缘开始套入，套入的长短以严密、牢固为度。

（2）玻璃管插入带孔的橡胶塞　首先选用与容器口配套的橡胶塞。左手拿橡胶塞，右手拿玻璃管靠近要插入塞子的一端，先将管端蘸点水作滑润剂，靠拇、食指微微用力，将玻璃管慢慢转入塞孔。注意，切不可使着力点离塞太远，也不要猛力直插，尤其是往弯管上装橡胶塞时，更要注意玻璃管上的着力点，只能落在靠近塞子的直管部位，千万不要只图拿着方便，以至扭断弯管造成割伤（见图5-10）。

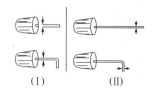

图 5-10　往塞孔中穿玻璃管
Ⅰ—正确的着力点；Ⅱ—错误的着力点

（3）橡胶塞的安装　先选好大小适宜的塞子（一般以塞子能进入容器口 1/2 左右为宜），塞塞子时，以左手握稳容器（如试管、烧瓶等）的颈部，右手拿住橡胶塞（或事先装好玻璃导管的橡胶塞），边塞边转动，直至严密为度。

二、仪器的安装与拆卸

铁架台的杆一般放在仪器的后边，有时为了操作方便，也可以放在仪器的左边或右边。但无论如何都必须使所承受的仪器的重心落在铁架台座的中心部位。固定仪器的铁夹有大有小，一般应选择与仪器大小相适应的。夹子的松紧要适当，以刚好将仪器固定为度。夹持的部位应靠近容器口。夹持较大容器（如烧瓶）时，其底部应有支撑物，如台面、铁圈或三脚架上的石棉网等。

安装多件仪器的组合时，要了解实验的目的、方法、步骤，了解各种仪器的性能结构和各部件之间的相互关系。组装时先按要求配好管、塞，然后由低到高，按反应流程从反应器到接收器依次连接（一般是从左到右）。在连接前和连接时应适当调整其高度。检查仪器组装得是否牢稳、合理、美观。只有在检查气密性之后，才允许往仪器中添加试剂。

拆卸仪器时，一般先拆开各仪器间的连接导管，然后由后往前、由高到低依次拆卸。特殊情况可灵活处理。总的原则是不能违反仪器自身的性能和使用规则。

三、装置的气密性检查

仪器装好后，在放入试剂前先要检查是否漏气，以免出现漏气现象，而导致实验失败，甚至还会发生危险。

当全套仪器只有一个导管出口时，可把导管口没入水中，然后用手（或热毛巾）包围仪器外部（见图5-11），若导管口有气泡冒出，且当仪器冷却时，水能自导管口上升一段，而水柱持续不落，表明装置不漏气。

如果查出装置漏气，一定要找出原因，乃至更换元部件，不可勉强敷衍。

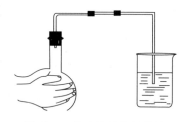

图 5-11　检查装置的气密性

任务四　物质的分离

在化学实验中，经常要用到过滤、蒸发（浓缩）、结晶等基本操作。

一、过滤

过滤是分离固体与液体（或结晶与母液）的一种方法。通常用漏斗和滤纸进行过滤。常用的玻璃漏斗其锥体为60°。滤纸一般裁为圆形。

过滤时选择大小合适的圆形滤纸，沿直径对折，使其圆边重合，再把半圆折成90°角，（见图5-12）。打开滤纸成圆锥形，尖端朝下放入漏斗中，使滤纸紧贴漏斗壁。用左手食指按住滤纸并以蒸馏水润湿之，再小心地用食指按压滤纸，赶走留在滤纸与漏斗壁之间的气泡（目的是增加过滤速率）。

图 5-12　滤纸的折叠

在过滤时应注意以下各点。

（1）漏斗放在铁架台的铁圈上，漏斗颈的下端要紧贴在接受容器的内壁上，使滤液沿器壁流下而不致飞溅。

（2）往过滤漏斗中转移液体时要用玻璃棒接引，并把液流滴在三层滤纸处，以防液流把滤纸冲破。倾液时烧杯尖嘴要紧贴玻璃棒，当每次倾液完了应将烧杯沿玻璃棒上提，并使烧杯壁与玻璃棒几乎平行后再离开，这样做可以防止液体流到烧杯外壁。

（3）过滤时宜先以倾泻法转移上层清液，然后再转移沉淀，这样做可以减少沉淀堵塞滤纸孔隙的机会，缩短过滤时间。倾入漏斗中的液体，其液面必须低于滤纸斗的上沿。

二、蒸发

浓缩或蒸干溶液均可使用蒸发的方法，蒸发可在烧杯或蒸发皿中进行。

给蒸发皿中的溶液加热，一般是将蒸发皿放在铁架台的铁圈上。蒸发皿可用坩埚钳夹持，用直接火焰加热（见图5-13）。当蒸发皿中溶液浓缩后，要用玻璃棒不断搅拌，以防局部过热而发生迸溅（必要时应撤火或改用小火）。当蒸发到出现固体或接近干涸时，可停止加热，利用余热使水分蒸干。注意：不要立即把热蒸发皿直接放到实验台上，以免烫坏台面。如果需要放在实验台上，要垫上石棉网。

图 5-13　蒸发

三、结晶

使晶体从溶液中析出的方法称为结晶。常用来分离提纯固体物质。

（1）蒸发溶剂

把溶液放在敞口的容器（如蒸发皿、烧杯）里，让溶剂慢慢地蒸发。由于溶剂减少，溶液渐变为饱和溶液。当溶剂继续蒸发时，溶质就会以结晶形式从溶液中析出。

（2）降低溶液温度

先加热溶液使溶剂蒸发，成为热的饱和溶液，再缓缓冷却，溶质就会以结晶形式从溶液中析出。

析出晶体颗粒大小与外界条件有关。溶液中溶质质量分数大，溶质溶解度小，降温快、扰动溶液都会使析出的晶体小。静置、缓慢冷却或溶剂自然蒸发都有利于大晶体生成。

任务五　简单蒸馏和分馏操作

一、能力目标

（1）能对简单蒸馏和分馏装置进行安装和操作。

（2）学会分馏柱的工作原理和常压下的简单分馏操作方法。

二、原理

实验证明，液体的蒸气压只与温度有关。即液体在一定温度下具有一定的蒸气压。当液态物质受热时蒸气压增大，待蒸气压大到与大气压或所给压力相等时液体沸腾，这时的温度称为液体的沸点。

将液体加热至沸腾，使液体变为蒸气，然后使蒸气冷却再凝结为液体，这两个过程的联合操作称为蒸馏。蒸馏是提纯液体物质和分离混合物的一种常用方法。纯粹的液体有机化合物在一定的压力下具有一定的沸点（沸程 $0.5 \sim 1.5$℃）。利用这一点，我们可以测定纯液体有机物的沸点。又称常量法。对鉴定纯粹的液化有机物有一定的意义。

应用分馏柱将几种沸点相近的混合物进行分离的方法称为分馏。将几种具有不同沸点而又可以完全互溶的液体混合物加热，当其总蒸气压等于外界压力时，就开始沸腾汽化，蒸气中易挥发液体的成分较在原混合液中为多。在分馏柱内，当上升的蒸气与下降的冷凝液互相接触时，上升的蒸气部分冷凝放出热量使下降的冷凝液部分汽化，两者之间发生了热量交换，其结果，上升蒸气中易挥发组分增加，而下降的冷凝液中高沸点组分（难挥发组分）增加，如此继续多次，就等于进行了多次的汽液平衡，即达到了多次蒸馏的效果。这样靠近分馏柱顶部易挥发物质的组分比率高，而在烧瓶里高沸点组分（难挥发组分）的比率高。这样只要分馏柱足够高，就可将这种组分完全彻底分开。

蒸馏和分馏的基本原理是一样的，都是利用有机物质的沸点不同，在蒸馏过程中低沸点的组分先蒸出，高沸点的组分后蒸出，从而达到分离提纯的目的。不同的是，分馏借助于分馏柱使一系列的蒸馏不需多次重复，一次得以完成（分馏即多次蒸馏），应用范围也不同，蒸馏时混合液体中各组分的沸点要相差 30℃ 以上，才可以进行分离，而要彻底分离沸点要相差 110℃ 以上。分馏可使沸点相近的互溶液体混合物（甚至沸点仅相差 1～2℃）得到分离和纯化。工业上的精馏塔就相当于分馏柱。

三、基本操作（含仪器装置和主要流程图）

蒸馏及分馏装置的正确安装和应用。（见图 5-14 和图 5-15）

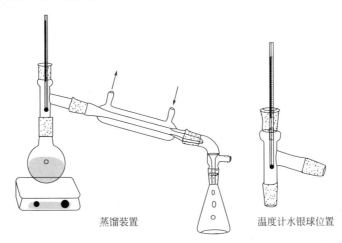

蒸馏装置   温度计水银球位置

图 5-14　蒸馏装置图

1. 简单蒸馏操作

（1）加料　仪器安装好后，取下温度计套管和温度计，在蒸馏头上放一长颈漏斗，慢慢将蒸馏液体倒入蒸馏瓶中，注意漏斗下口处的斜面应超过蒸馏头支管的下限。

（2）加沸石　为防止液体暴沸，加入 2～3 粒沸石。如果加热中断，再加热时，须重新加入沸石。

（3）加热　在加热前，应检查仪器装配是否正确，原料、沸石是否加好，冷凝水是否通入，一切无误后方可加热。适当调节电压，使温度计水银球上始终保持有液滴存在，此时温度计读数就是液体的沸点。蒸馏速度以每秒 1～2 滴为宜。

（4）馏分收集　收集馏分时，沸程越小馏出物越纯，当温度超过沸程范围时，应停止接收。注意接收容器应预先干燥、称重。

（5）停止蒸馏　维持加热程度至不再有馏出液蒸出，而温度突然下降时，应停止加热，后停止通水，拆卸仪器与装配时相反。

2. 简单分馏

（1）在 25mL 圆底烧瓶内放置 5mL 乙醇，5mL 水及 1～2 粒沸石，按简单分馏装置安装仪器。

（2）开始缓缓加热，当冷凝管中有蒸馏液流出时，迅速记录温度计所示的温度。并控制加热速度，使馏出液以 1～2 滴/秒的速度蒸出。

（3）收集馏出液，注意并记录柱顶温度及接收器的馏出液总体积。继续蒸馏，记录

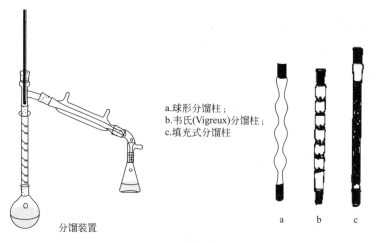

a.球形分馏柱；
b.韦氏(Vigreux)分馏柱；
c.填充式分馏柱

分馏装置

a b c

图 5-15　分馏装置图

馏出液的温度及体积。将不同馏分分别量出体积，以馏出液体积为横坐标，温度为纵坐标，绘制分馏曲线。

（4）当大部分乙醇和水蒸出后，温度迅速上升，达到水的沸点，注意更换接收瓶。

（5）停止分馏。

四、实验实训关键及注意事项

（1）仪器安装顺序为：自下而上，从左到右。卸仪器与其顺序相反。

（2）温度计水银球上限应和蒸馏头侧管的下限在同一水平线上，冷凝水应从下口进，上口出。蒸馏前加入沸石，以防暴沸。

（3）蒸馏及分馏效果好坏与操作条件有直接关系，其中最主要的是控制馏出液流出速度，以 1～2 滴/秒为宜（1mL/min），不能太快，否则达不到分离要求。

（4）当蒸馏沸点高于 140℃的物质时，应该使用空气冷凝管。

（5）如果维持原来加热程度，不再有馏出液蒸出，温度突然下降时，就应停止蒸馏，即使杂质含量很少也不能蒸干，特别是蒸馏低沸点液体时更要注意不能蒸干，否则易发生意外事故。蒸馏完毕，先停止加热，后停止通冷却水，拆卸仪器，其程序和安装时相反。

（6）简单分馏操作和蒸馏大致相同，要很好地进行分馏，必须注意下列几点：

① 分馏一定要缓慢进行，控制好恒定的蒸馏速度（1～2 滴/秒），这样，可以得到比较好的分馏效果；

② 要使有相当量的液体沿柱流回烧瓶中，即要选择合适的回流比，使上升的气流和下降液体充分进行热交换，使易挥发组分量上升，难挥发组分尽量下降，分馏效果更好；

③ 必须尽量减少分馏柱的热量损失和波动。柱的外围可用石棉包住，这样可以减少柱内热量的散发，减少风和室温的影响也减少了热量的损失和波动，使加热均匀，分馏操作平稳地进行。

任务六　回流操作

　　将液体加热汽化，同时将蒸气冷凝液化并使之流回原来的器皿中重新受热汽化，这样循环往复的汽化-液化过程称为回流。回流是有机化学实验中最基本的操作之一，大多数有机化学反应都是在回流条件下完成的。回流液本身可以是反应物，也可以为溶剂。当回流液为溶剂时，其作用在于将非均相反应变为均相反应，或为反应提供必要而恒定的温度，即回流液的沸点温度。此外，回流也应用于某些分离纯化实验中，如重结晶的溶样过程、连续萃取、分馏及某些干燥过程等。

　　回流的基本装置如图 5-16(a) 所示，由热源、热浴、烧瓶和回流冷凝管组成。烧瓶可为圆底瓶、平底瓶、锥形瓶、梨形瓶或尖底瓶。烧瓶的大小应使装入的回流液体积不超过其容积的 3/4，也不少于 1/4。冷凝管可依据回流液的沸点由高到低分别选择空气、直形、球形、蛇形或双水内冷冷凝管。各种冷凝管所适用的温度范围尚无严格的规定，但由于在回流过程中蒸气的升腾方向与冷凝水的流向相同（即不符合"逆流"原则），所以冷却效果不如蒸馏时的冷却效果。为了能将蒸气完全冷凝下来，就需要提供较大的内外温差，所以空气冷凝管一般应用于 160℃ 以上；直形冷凝管应用于 100~160℃；球形冷凝管应用于 50~160℃；蛇形冷凝管应用于 50~100℃；更低的温度则使用双水内冷冷凝管。由于球形冷凝管适用的温度范围最宽广，所以通常把球形冷凝管叫做回流冷凝管。除了冷凝管的种类外，冷凝管的长度、水温、水速也都是决定冷凝效果的重要因素，所以应根据具体情况灵活选择。

　　常见的球形冷凝管有 4~9 个球泡，其中以五球和六球冷凝管最为常用。使用时应使蒸气气雾（即所谓"回流圈"）的高度不超过两个球泡为宜。在使用其他类型的冷凝

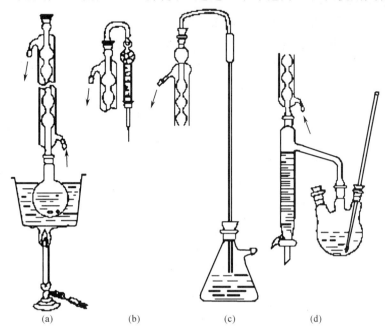

(a)　　　　　(b)　　　　　(c)　　　　　(d)

图 5-16　回流的基本装置图

管时，应控制蒸气气雾的上升高度不超过冷凝管有效冷凝长度的 1/3。

单纯的回流装置应用范围不大。大多数情况下都还带有其他附加装置或与其他装置组合使用。如果在回流的同时还需要测定反应混合物的温度，或需要向反应混合物中滴加物料，则应使用二口或三口烧瓶，将温度计或滴液漏斗安装在侧口上。如果需要防止空气中的水汽进入反应系统，则可在冷凝管的上口处安装干燥管，如图 5-16(b) 所示。干燥管的另一端用带毛细管的塞子塞住，既可保障反应系统与大气相通，又可减少空气与干燥剂的接触。磨口的干燥管一般带有弯管，可直接装在冷凝管口；非磨口的干燥管是笔直的，应自己制作弯管安装，使干燥管位于冷凝管的侧面，而不应直接竖直地安装在冷凝管上口，否则，干燥剂的细碎颗粒可能透过阻隔的玻璃毛漏入烧瓶中，干扰反应进程。如果反应中生成水溶性的有害气体，需要导出并用水吸收，可在冷凝管口加装气体吸收装置，如图 5-16(c) 所示。如果反应中有水生成并需要不断地将生成的水移出反应区，则可在烧瓶与冷凝管之间加置油水分离器，如图 5-16(d) 所示。如果回流的同时还需要搅拌，若用磁力搅拌，则不需要改变回流装置；若用机械搅拌，则搅拌棒需安装在三口烧瓶的中口上，冷凝管只能倾斜地安装在侧口上。如果回流、机械搅拌、滴液、测温需同时进行，可使用四口烧瓶，或在三口烧瓶上加置 Y 形管。各种连续萃取装置中，回流冷凝管均安装在萃取器的顶部。

回流装置应自下而上依次安装，各磨口对接时应同轴连接、严密、不漏气、不受侧向作用力，但一般不涂凡士林，以免其在受热时熔化流入反应瓶。如果确需涂凡士林或真空脂，应尽量涂少、涂匀并旋转至透明均一。安装完毕后可用三角漏斗从冷凝管的上口或三口烧瓶侧口加入回流液。固体反应物应事前加入瓶中，如装置较复杂，也可在安装完毕后卸下侧口上的仪器，投料后投入几粒沸石，重新将仪器装好。开启冷却水（冷却水应自下而上流动），即可开始加热。液体沸腾后调节加热速度，控制气雾上升高度使在冷凝管有效冷凝长度的 1/3 处稳定下来。回流结束，先移去热源、热浴，待冷凝管中不再有冷凝液滴下时关闭冷却水，拆除装置。

当回流与搅拌联用时不加沸石。如无特别说明，一般应先开启搅拌，待搅拌转动平稳后再开启冷却水，点火加热。在结束时应先撤去热源热浴，再停止搅拌，待不再有冷凝液滴下时关闭冷却水。

项目六

基础化学实训

任务一 粗食盐的提纯

一、能力目标

（1）能进行重结晶提纯精制固体物质的操作，会使用减压过滤装置。

（2）会玻璃仪器的洗涤、台秤的使用、常规过滤、溶解、蒸发、结晶等基本操作。

（3）会 Ca^+、Mg^+、SO_4^{2-} 等离子的定性鉴定。

二、原理

粗食盐中含有不溶性（如泥沙）和可溶性的杂质（如 K^+、Mg^{2+}、SO_4^{2-} 和 Ca^{2+} 等）。不溶性的杂质可用溶解、过滤的方法除去；可溶性的杂质则是向粗食盐的溶液中加入能与杂质离子作用的盐类，使生成沉淀后过滤以除去。

采用的方法是：在粗食盐的溶液中加入稍过量的 $BaCl_2$ 溶液，可将 SO_4^{2-} 转化为难溶的 $BaSO_4$ 沉淀，将溶液过滤可除去 $BaSO_4$ 沉淀：

$$Ba^{2+} + 2SO_4^{2-} \longrightarrow 2BaSO_4 \downarrow$$

在其滤液中再加入 NaOH 和 Na_2CO_3 溶液，由于发生下列反应，将 Mg^{2+}、Ca^{2+} 和过量 Ba^{2+} 除去：

$$Mg^{2+} + 2OH^- \longrightarrow Mg(OH)_2 \downarrow$$

$$Ca^{2+} + CO_3^{2-} \longrightarrow CaCO_3 \downarrow$$

$$Ba^{2+} + CO_3^{2-} \longrightarrow BaCO_3 \downarrow$$

过量的 NaOH 和 Na_2CO_3 用 HCl 中和除去。

$$NaOH + HCl \longrightarrow NaCl + H_2O$$

$$Na_2CO_3 + 2HCl \longrightarrow 2NaCl + H_2O + CO_2$$

少量的可溶性杂质 K^+ 仍残留在溶液中。在蒸发、浓缩、结晶过程中，由于 KCl 与 NaCl 在相同温度条件下的溶解度的不同，KCl 仍留在母液中，不会与 NaCl 一同结晶出来。

生产上，在物质提纯的过程中，为了检验某种杂质是否除尽，需要取少量溶液（称为取样），然后在其中加入适当的试剂，从反应现象来判断某种杂质存在的情况，这种步骤通常称为"中间控制检验"，而对产品纯度和含量的测定，则称为"成品检验"。

三、用品

1. 仪器

烧杯、量筒、蒸发皿、玻璃棒、研钵、电磁加热搅拌器（或酒精灯）、玻璃漏斗、石棉网、漏斗架、台秤、滤纸、pH试纸、减压过滤装置一套（布氏漏斗、吸滤瓶、真空泵）。

2. 药品

$c(BaCl_2)=1mol/L$，　　$c(Na_2CO_3)=1mol/L$，　　$c(NaOH)=2mol/L$，

$c(HCl)=2mol/L$，　　　$c[(NH_4)_2C_2O_4]=0.5mol/L$。

粗食盐、镁试剂。

四、操作规程

1. 粗食盐提纯

（1）粗盐溶解　将一定量的粗食盐于研钵中，将其研碎，并称取 10g 粗食盐于 100mL 烧杯中，加 30mL 蒸馏水，用加热搅拌器（或酒精灯）加热搅拌使其溶解。

（2）除 SO_4^{2-}　完全溶解后，加热溶液至沸腾，在搅动下一滴一滴的加入 1mol/L 的 $BaCl_2$ 溶液至完全沉淀（约 5mL），加热 5min，静止。用普通漏斗过滤，得滤液 a。

（3）除 Mg^{2+}、Ca^{2+} 和过量 Ba^{2+}　将滤液 a 加热至沸腾，在不断搅拌下加入 1mol/L 的 Na_2CO_3 溶液 5mL 和 2mol/L 的 NaOH 溶液 1.5mL，使沉淀完全。用普通漏斗过滤，滤液 b 用蒸发皿承接。

（4）调整酸度　滤液 b 中逐滴加入 2mol/L 的 HCl 溶液，加热搅拌，用玻璃棒蘸取滤液在 pH 试纸上试验，直至溶液被中和到呈微酸性为止（pH＝6）。

（5）加热浓缩　将调节好 pH 的滤液小火加热蒸发，不断搅拌，浓缩至使成稀粥状（注意：不可蒸干，否则会造成 NaCl 飞溅伤人，又会除不尽 K^+）。

（6）减压过滤　冷却后，用布什漏斗抽吸过滤，尽量抽干，抽滤至布什漏斗下端无水滴。将晶体转至蒸发皿中，在石棉网上加热小心炒干，冷却称重。

（7）计算产率　称出产品的质量，计算 NaCl 的产率。

$$产率=\frac{精抽食盐的质量(g)}{粗食盐的质量(g)}\times100\%$$

2. 产品检验

称取精制食盐 1g 于试管中，加 5mL 蒸馏水溶解，检验是否有 Mg^{2+}、SO_4^{2-}、Ca^{2+} 存在。

（1）SO_4^{2-} 的检验　取 1mL 上述溶液于另一只试管中，分别加入 2mol/L HCl 1～2 滴，然后滴加 1mol/L $BaCl_2$ 溶液，观察是否有 $BaSO_4$ 沉淀生成。

（2）Ca^{2+} 的检验　取 1mL 上述溶液于另一只试管中，滴加 2～3 滴 0.5mol/L $(NH_4)_2C_2O_4$ 溶液，观察是否有 CaC_2O_4 沉淀生成。

（3）Mg^{2+} 的检验　取 1mL 上述溶液于另一只试管中，滴加 2～3 滴 2mol/L NaOH 溶液，使溶液成碱性（可用 pH 试纸检验），再加入 2～3 滴镁试剂，观察有无天蓝色沉淀产生，提纯后的精盐应该没有沉淀产生。

思 考 题

（1）本试验中，采用 Na_2CO_3 除去 Ca^{2+}、Mg^{2+} 等离子，为什么？是否可以用其他的可溶性的碳酸盐？

（2）除去 SO_4^{2-}、Ca^{2+}、Mg^{2+}、K^+ 的顺序是否可以颠倒过来？如先除去 Ca^{2+}、Mg^{2+} 再除去 SO_4^{2-}，两者有何不同？

（3）实训中采用的是什么方法提纯粗食盐的？为什么最后在干燥时不可以将溶液蒸干？

附　　录

一、过滤滤纸的折叠及过滤操作

过滤器的准备见图 6-1。

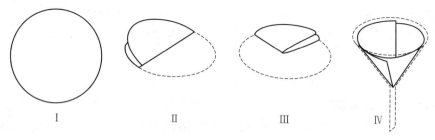

图 6-1　过滤器的准备

过滤操作见图 6-2。

二、蒸发操作

蒸发操作见图 6-3。

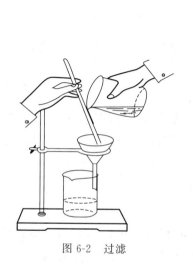

图 6-2　过滤

图 6-3　蒸发

任务二　氢氧化钠标准溶液的制备和工业乙酸含量的测定

一、能力目标

（1）能配制和标定氢氧化钠标准溶液。

（2）能正确选择强碱滴定弱酸时指示剂，能正确判断终点颜色。

（3）能称量、滴定以及会使用吸量管操作。

二、原理

氢氧化钠容易吸收空气中的水和二氧化碳，需用间接法配制标准溶液。

标定 NaOH 溶液常用的基准物质是邻苯二甲酸氢钾（$KHC_8H_4O_4$），标定反应为：

$$KHC_8H_4O_4 + NaOH \longrightarrow KNaC_8H_4O_4 + H_2O$$

此项标定属于强碱滴定弱酸，宜用酚酞作指示剂。

测定工业乙酸含量，可用 NaOH 标定滴定溶液直接测定试样溶液，以酚酞作指示剂。

三、仪器和试剂

仪器：50mL 碱式滴定管，250mL 锥形瓶，1mL 吸量管，100mL 量筒。

试剂：氢氧化钠（NaOH），酚酞指示剂（0.2%乙醇溶液），基准邻苯二甲酸氢钾（$KHC_8H_4O_4$，需在 105～110℃烘至恒重）。

四、操作规程

1. 0.1mol/L NaOH 溶液的配制

称取固体 NaOH 2g，用适量水溶解，倒入带有橡胶塞的试剂瓶中，用新煮沸的冷蒸馏水稀释至 500mL。

2. 0.1mol/L NaOH 溶液浓度的标定

准确称取 $KHC_8H_4O_4$ 0.4～0.5g，置于 250mL 锥形瓶中，加 25mL 水溶解，再加 0.2%酚酞指示剂 2 滴，用配制的 NaOH 溶液滴定至溶液由无色变为粉红色并持续 30s 不褪色，即为终点。

平行标定三份。计算出 NaOH 溶液的标准浓度。

3. 工业乙酸含量的测定

准确移取工业乙酸样品 1.00mL，置于 100mL 的容量瓶中，用蒸馏水稀释至刻度，摇匀。吸取 25.00mL 上述溶液，注入 250mL 锥形瓶中，加 2 滴酚酞指示剂，以

0.1mol/L NaOH 溶液滴定至粉红色 30s 不褪色为终点。

平行测定三次。计算 HAc 含量，以质量浓度表示。

五、数据处理

（1）氢氧化钠溶液的标定

$$c(\text{NaOH}) = \frac{m}{204.2 \times V}$$

式中　$c(\text{NaOH})$——氢氧化钠标准溶液的实际浓度，mol/L；

　　　　V——标定消耗氢氧化钠标准溶液的体积，L；

　　　　m——邻苯二甲酸氢钾的质量，g；

　　　　204.2——邻苯二甲酸氢钾的摩尔质量，g/mol。

（2）工业乙酸含量的测定

$$\rho(\text{HAc}) = \frac{c(\text{NaOH})V_1 \times 60.06}{V}$$

式中　$\rho(\text{HAc})$——乙酸的质量浓度，g/L；

　　$c(\text{NaOH})$——氢氧化钠标准溶液的实际浓度，mol/L；

　　　　V_1——滴定消耗氢氧化钠标准溶液的体积，L；

　　　　V——工业乙酸试样的体积，L；

　　　60.06——乙酸的摩尔质量，g/mol。

思 考 题

（1）NaOH 溶液为什么要用新煮沸的冷蒸馏水配制？配制好的 NaOH 溶液能否在空气中久置？为什么？

（2）浅粉红色为滴定终点，为什么要求持续 30s 不褪色？

（3）用邻苯二甲酸氢钾标定氢氧化钠溶液以及工业乙酸含量测定，为什么都用酚酞作指示剂？

（4）列出测 HAc 含量的计算公式。

（5）使用吸量管移取 HAc 样品时，应注意什么？

任务三　硝酸银标准溶液的制备和水中氯化物的测定

一、能力目标

（1）能配制和标定 $AgNO_3$ 标准溶液。

（2）会莫尔法测定水中氯化物含量的操作。

二、原理

莫尔法是测定可溶性氯化物中氯含量常用的方法。此法是在中性或弱碱性溶液中，以 K_2CrO_4 为指示剂，用 $AgNO_3$ 标准溶液进行滴定。由于 $AgCl$ 沉淀的溶解度比 $AgCrO_4$ 小，溶液中首先析出白色 $AgCl$ 沉淀。当 $AgCl$ 定量沉淀后，过量一滴 $AgNO_3$ 溶液即与 CrO_4^{2-} 生成砖红色 $AgCrO_4$ 沉淀，指示终点到达。主要反应如下：

$$Ag^+ + Cl^- \longrightarrow AgCl\downarrow（白色） \qquad K_{sp} = 1.8 \times 10^{-10}$$

$$2Ag^+ + CrO_4^{2-} \longrightarrow Ag_2CrO_4\downarrow（砖红色） \qquad K_{sp} = 2.0 \times 10^{-12}$$

滴定必须在中性或弱碱性溶液中进行，最适宜 pH 范围在 $6.5 \sim 10.5$ 之间。如果有铵盐存在，溶液的 pH 范围在 $6.5 \sim 7.2$ 之间。

指示剂的用量对滴定有影响，一般 K_2CrO_4 浓度以 5×10^{-3} mol/L 为宜。

凡是能与 Ag^+ 生成难溶化合物或络合物的阴离子，如 PO_4^{3-}、AsO_4^{3-}、AsO_3^{3-}、S^{2-}、SO_3^{2-}、CO_3^{2-}、$C_2O_4^{2-}$ 等均干扰测定，其中 H_2S 可加热煮沸除去，SO_3^{2-} 可用氧化成 SO_4^{2-} 的方法消除干扰。大量 Cu^{2+}、Ni^{2+}、Co^{2+} 等有色离子影响终点观察。凡能与指示剂 K_2CrO_4 生成难溶化合物的阳离子也干扰测定，如 Ba^{2+}、Pb^{2+} 等。Ba^{2+} 的干扰可加过量 Na_2SO_4 消除。Al^{3+}、Fe^{3+}、Bi^{3+}、Sn^{4+} 等高价金属离子在中性或弱碱性溶液中易水解产生沉淀，会干扰测定。

三、试剂

（1）NaCl 基准试剂　在 $500 \sim 600$℃灼烧 30min 后，于干燥器中冷却。

（2）$AgNO_3$　固体试剂，分析纯（AR）。

（3）K_2CrO_4　5%水溶液。

（4）指示剂　5% K_2CrO_4 溶液。

四、操作规程

1. 0.01mol/L $AgNO_3$ 标准溶液的配制与标定

称取 0.85g $AgNO_3$ 于 250mL 烧杯中，用适量不含 Cl^- 的蒸馏水溶解后，将溶液转入棕色瓶中，用水稀释至 500mL，摇匀，在暗处避光保存。

准确称取 $0.15 \sim 0.16$g 基准 NaCl 放至小烧杯中，用蒸馏水（不含 Cl^-）溶解后，定量转入 250mL 容量瓶中，用水冲洗烧杯数次，一并转入容量瓶中，稀释至刻度，摇匀。

准确移取 25.00mL NaCl 标准溶液三份于 250mL 锥形瓶中，加水（不含 Cl^-）25mL，加 5% K_2CrO_4 溶液 1mL，在不断用力摇动下，用 $AgNO_3$ 溶液滴定至从黄色变为淡红色混浊即为终点。

平行滴定三次，根据 NaCl 标准溶液的浓度和 $AgNO_3$ 溶液的体积，计算 $AgNO_3$ 溶液的浓度。

2. 水中氯化物含量的测定

移取水样 50mL，置于 250mL 容量瓶中，用水冲洗烧杯数次，一并转入容量瓶中，稀释至刻度，摇匀。若水中氯化物含量较高，可取适量水样，用蒸馏水稀释至 50mL。加入 5% K_2CrO_4 溶液 1mL，在不断用力摇动下，用 $AgNO_3$ 溶液滴定至溶液从黄色变为淡红色混浊即为终点。

平行滴定三次。同时用 50mL 蒸馏水作空白试验。计算水中氯化物含量（mg/L）。

五、数据处理

1. 氯化钠基准溶液的制备

$$c(NaCl) = \frac{m}{0.2500 \times 58.44}$$

式中　$c(NaCl)$——氯化钠基准溶液的实际浓度，mol/L；

　　　　m——基准氯化钠的质量，g；

　　　　58.44——氯化钠的摩尔质量，g/mol；

　　　　0.2500——氯化钠基准溶液的体积，L。

2. 硝酸银溶液的标定

$$c(AgNO_3) = \frac{c(NaCl)V}{V_1 - V_0}$$

式中　$c(AgNO_3)$——硝酸银标准溶液的实际浓度，mol/L；

　　　　$c(NaCl)$——氯化钠基准溶液的实际浓度，mol/L；

　　　　V——标定所取氯化钠基准溶液的体积，L；

　　　　V_0——氯化钠的摩尔质量，g/mol；

　　　　V_1——氯化钠基准溶液的体积，L。

3. 水中氯化物的测定

$$\rho(Cl^-) = \frac{c(AgNO_3)(V_1 - V_0) \times 35.45}{V}$$

式中　$\rho(Cl^-)$——水样中 Cl^- 的质量浓度，g/L；

　$c(AgNO_3)$——硝酸银标准溶液的实际浓度，mol/L；

　　　　V——水样体积，L；

　　　　V_0——空白消耗硝酸银标准溶液的体积，L；

　　　　V_1——水样消耗硝酸银标准溶液的体积，L；

　　　　35.45——Cl^- 的摩尔质量，g/mol。

思　考　题

（1）莫尔法测 Cl^- 时，为什么溶液 pH 需控制在 6.5～10.5？

（2）以 K_2CrO_4 作为指示剂时，其浓度太大或太小对滴定结果有何影响？

任务四 EDTA 标准溶液的配制与标定

一、能力目标

（1）能配制和标定 EDTA 标准溶液。

（2）会常用的标定 EDTA 的操作方法。

二、原理

1. EDTA

乙二胺四乙酸 H_4Y（本身是四元酸），由于在水中的溶解度很小，通常把它制成二钠盐（$Na_2H_2Y \cdot 2H_2O$），也称为 EDTA 或 EDTA 二钠盐。EDTA 相当于六元酸，在水中有六级离解平衡。与金属离子形成螯合物时，络合比皆为 1∶1。

EDTA 因常吸附 0.3％的水分且其中含有少量杂质而不能直接配制标准溶液，通常采用标定法制备 EDTA 标准溶液。

标定 EDTA 的基准物质有纯的金属，如 Cu、Zn、Ni、Pb，以及它们的氧化物。某些盐类，如 $CaCO_3$、$ZnSO_4 \cdot 7H_2O$、$MgSO_4 \cdot 7H_2O$。

2. 金属离子指示剂

在络合滴定时，与金属离子生成有色络合物来指示滴定过程中金属离子浓度的变化。

$$M + In \Longrightarrow MIn$$
$$颜色甲 \qquad 颜色乙$$

滴入 EDTA 后，金属离子逐步被络合，当达到反应化学计量点时，已与指示剂络合的金属离子被 EDTA 夺出，释放出指示剂的颜色：

$$MIn + Y \Longrightarrow MY + In$$
$$颜色乙 \qquad\qquad 颜色甲$$

指示剂变化的 pMep 应尽量与化学计量点的 pMsp 一致。金属离子指示剂一般为有机弱酸，存在着酸效应，要求显色灵敏，迅速，稳定。

常用金属离子指示剂：

铬黑 T（EBT）：pH＝10 时，用于 Mg^{2+}，Zn^{2+}，Cd^{2+}，Pb^{2+}，Hg^{2+}，In^{3+}；

二甲酚橙（XO）：pH＝5～6 时，用于 Zn^{2+}；

K-B 指示剂［酸性铬蓝（K）-萘酚绿（B）混合指示剂］：pH＝10 时，用于 Mg^{2+}，Zn^{2+}，Mn^{2+}；pH＝12 时，用于 Ca^{2+}。

三、仪器和试剂

1. 仪器

分析天平、250mL 烧杯、干燥箱、酸式滴定管、锥形瓶、移液管、容量瓶、量筒。

2. 试剂

（1）K-B 指示剂　准确称取 0.2g 酸性铬蓝 K 和 0.4g 萘酚绿 B 于烧杯中，加水溶解，稀释至 100mL。

（2）铬黑 T 指示剂 0.05%　称取 0.5g 铬黑 T，加 20mL 三乙醇胺，加水稀释至 100mL。

（3）盐酸溶液 1:1

（4）基准 $CaCO_3$

（5）氨性缓冲溶液 pH=10　将 20g NH_4Cl 溶解于少量水中，加入 100mL 浓氨水，用水稀释至 1L。

四、操作规程

1. Ca^{2+} 标准溶液的配制

准确称取 120℃干燥（约 2h）过的基准 $CaCO_3$ 0.52～0.55g，置于 250mL 小烧杯中，用少量水润湿，盖上表面皿，用滴管从烧杯嘴处滴加 1:1 的 HCl 10mL 至 $CaCO_3$ 完全溶解、冷却、定量转移至 250mL 容量瓶中、定容、计算 Ca^{2+} 的浓度。

2. EDTA 溶液的配制

准确称取 EDTA 二钠盐 2.0g，溶于 100mL 烧杯中，温热溶解，冷却，转移至 250mL 容量瓶中，加水稀释至刻度，摇匀，备用。

3. EDTA 的标定

用 $CaCO_3$ 为基准物质，铬黑 T 或 K-B 指示剂标定 EDTA。

用移液管准确平行移取 25.00mL Ca^{2+} 标准溶液三份于锥形瓶中，加入 20mL 的氨性缓冲溶液和 2～3 滴 K-B 作指示剂，用 0.02mol/L EDTA 滴定至溶液由紫红色变为蓝绿色，即为终点，平行标定 3 次，计算 EDTA 的浓度。

思　考　题

(1) 为什么要使用两种指示剂分别标定？

(2) 在中和标准物质中的 HCl 时，能否用酚酞取代甲基红？为什么？

(3) 阐述 Mg^{2+}-EDTA 能够提高终点敏锐度的原理。

(4) 滴定为什么要在缓冲溶液中进行？如果没有缓冲溶液存在，将会导致什么现象发生？

(5) 配制 $CaCO_3$ 溶液和 EDTA 溶液时，各采用何种天平称量？为什么？

(6) 以 HCl 溶液溶解 $CaCO_3$ 基准物质时，操作中应注意些什么？

任务五　混合碱中各组分含量测定

一、能力目标

（1）会混合碱测定的方法。

（2）会双指示剂法测定混合碱中各组成成分及计算方法。

二、原理

混合碱是 Na_2CO_3 与 $NaOH$ 或 Na_2CO_3 与 $NaHCO_3$ 的混合物。欲测定同一份试样中各组分的含量，可用 HCl 标准溶液滴定，选用两种不同指示剂分别指示第一、第二化学计量点的到达，称为"双指示剂法"。

标定盐酸溶液常用的基准物质是无水碳酸钠。标定反应为：

$$Na_2CO_3 + 2HCl \longrightarrow 2NaCl + CO_2 \uparrow + H_2O$$

指示剂可用甲基橙。邻近终点时，可将溶液煮沸除去 CO_2 冷却后继续滴定。在混合碱试样中加入酚酞指示剂，此时溶液呈红色，用 HCl 标准溶液滴定到溶液由红色恰好变为无色时，则试液中所含 $NaOH$ 完全被中和，Na_2CO_3 则被中和到 $NaHCO_3$，若溶液中含 $NaHCO_3$，则未被滴定，反应如下：

$$NaOH + HCl \longrightarrow NaCl + H_2O \qquad Na_2CO_3 + HCl \longrightarrow NaCl + NaHCO_3$$

设滴定用去的 HCl 标准溶液的体积为 V_1（mL），再加入甲基橙指示剂（变色范围为 $pH = 3.1 \sim 4.4$），继续用 HCl 标准溶液滴定到溶液由黄色变为橙色。设此时所消耗盐酸标准溶液的体积为 V_2(mL)。

$$NaHCO_3 + HCl \longrightarrow NaCl + CO_2 \uparrow + H_2O$$

根据 V_1 和 V_2 可以判断出混合碱的组成。

三、仪器和试剂

1. 仪器

分析天平、锥形瓶、烧杯、酸式滴定管（50mL）、容量瓶（250mL）、移液管（25mL）。

2. 药品

0.1mol/L HCl 溶液、混合碱、酚酞指示剂 0.2%、甲基橙指示剂 0.2%（水溶液）、基准无水碳酸钠（在 $270 \sim 300\,℃$ 灼烧至恒重）。

四、操作规程

1. 0.1mol/L 盐酸溶液的配制

用量筒量取 4.5mL 浓盐酸，倒入预先盛有适量蒸馏水的试剂瓶中，用水稀释至 500mL，摇匀。

2. 0.1mol/L 盐酸溶液的浓度标定（平行标定三次）

用减量法准确称取无水碳酸钠 0.15～0.2g，置于 250mL 锥形瓶中，加 50mL 水溶解，加甲基橙指示剂 2～3 滴，用 HCl 溶液滴定至溶液由黄色变为橙色，即为终点（邻近终点时，可将溶液煮沸除去 CO_2，冷却后继续滴定）。

3. 混合碱含量的测定（平行标定三次）

（1）用减量法准确称取混合碱试样 1.5～2.0g 于 250mL 小烧杯中，加 40～50mL 水溶解，必要时可稍加热促进溶解，冷却后，将溶液定量转入到 250mL 容量瓶中，用水冲洗小烧杯几次，一并转入容量瓶中，用水稀释至刻度，摇匀，定容。

（2）用 25.00mL 的移液管平行移取试液 25.00mL 三份于 250mL 锥形瓶中，加酚酞指示剂 2～3 滴，用 HCl 溶液滴定至溶液恰好由红色褪至无色，记下消耗的 HCl 标准溶液的体积 V_1。

（3）再加入甲基橙指示剂 1～2 滴，继续用 HCl 溶液滴定至溶液由黄色变为橙色，又消耗的 HCl 溶液的体积记为 V_2，判断试样的组成并计算各组分的含量。

五、数据处理

1. 盐酸溶液的标定

$$c(\text{HCl}) = \dfrac{m}{M(\frac{1}{2}\text{Na}_2\text{CO}_3) \times V}$$

式中　$c(\text{HCl})$——盐酸标准溶液的实际浓度，mol/L；

$\qquad V$——标定消耗盐酸标准溶液的体积，L；

$\qquad m$——无水碳酸钠的质量，g；

$M(\frac{1}{2}\text{Na}_2\text{CO}_3)$——$\frac{1}{2}\text{Na}_2\text{CO}_3$ 的摩尔质量，g/mol。

2. 混合碱含量的测定

当 $V_1 > V_2$ 时，试液为 NaOH 和 Na_2CO_3 的混合物，NaOH 和 Na_2CO_3 的含量（以质量分数表示）可由下式计算：

$$\omega(\text{Na}_2\text{CO}_3) = \dfrac{c(\text{HCl})V_2 M(\text{Na}_2\text{CO}_3)}{m_s \times 1000} \times 100\%$$

$$\omega(\text{NaOH}) = \dfrac{c(\text{HCl})(V_1 - V_2) M(\text{NaOH})}{m_s \times 1000} \times 100\%$$

当 $V_1 < V_2$ 时，试液为 Na_2CO_3 和 NaHCO_3 的混合物，NaOH 和 Na_2CO_3 的含量（以质量分数表示）可由下式计算：

$$\omega(\text{Na}_2\text{CO}_3) = \dfrac{c(\text{HCl})V_1 M(\text{Na}_2\text{CO}_3)}{m_s \times 1000} \times 100\%$$

$$\omega(\text{NaHCO}_3) = \dfrac{c(\text{HCl})(V_2 - V_1) M(\text{NaHCO}_3)}{m_s \times 1000} \times 100\%$$

式中　$c(\text{HCl})$——盐酸标准溶液的实际浓度，mol/L；

$\qquad V_1$——酚酞终点消耗盐酸标准溶液的体积，L；

$\qquad V_2$——甲基橙终点消耗盐酸标准溶液的体积，L；

$M(\text{Na}_2\text{CO}_3)$——$\text{Na}_2\text{CO}_3$ 的摩尔质量，g/mol；

$M(\text{NaHCO}_3)$——NaHCO_3 的摩尔质量，g/mol；

$M(\text{NaOH})$——NaOH 的摩尔质量，g/mol；

m_s——试样的质量，g。

思 考 题

（1）双指示剂法测定混合碱，在同一份溶液中测定，判断在下列五种情况下试样的组成：(a) $V_1=0$；(b) $V_2=0$；(c) $V_1>V_2$；(d) $V_1<V_2$；(e) $V_1=V_2$。

（2）测定混合碱时，酚酞褪色前，由于滴定速度太快，摇动不均匀，使滴入的 HCl 局部过浓致使 NaHCO_3 迅速转变为 H_2CO_3 并分解为 CO_2，当酚酞恰好褪色时，记下 HCl 体积 V_1，这对测定结果有何影响？

任务六　自来水总硬度测定

一、能力目标

（1）学会用络合滴定法测定水的总硬度。

（2）学会 K-B 指示剂、铬黑 T 指示剂的使用及终点颜色变化的观察，会络合滴定操作方法。

二、原理

水的硬度主要由于水中含有钙盐和镁盐，其他金属离子如铁、铝、锰、锌等离子也形成硬度，但一般含量甚少，测定工业用水总硬度时可忽略不计。测定水的硬度常采用络合滴定法，用乙二胺四乙酸二钠盐（EDTA）溶液滴定水中 Ca^{2+}、Mg^{2+} 总量，然后换算为相应的硬度单位。在要求不严格的分析中，EDTA 溶液可用直接法配制。标定 EDTA 溶液，常用的基准物有 Zn、ZnO、CaCO_3、Bi、Cu、$\text{MnSO}_4 \cdot 7\text{H}_2\text{O}$、Ni、Pb 等。为了减小系统误差，本实验中选用 CaCO_3 为基准物，以 K-B 为指示剂，进行标定。用 EDTA 溶液滴定至溶液由紫红色变为蓝绿色即为终点。

按国际标准方法测定水的总硬度：在 pH＝10 的 NH_3-NH_4Cl 缓冲溶液中（为什么？），以铬黑 T（EBT）为指示剂，用 EDTA 标准溶液滴定至溶液由酒红色变为纯蓝色即为终点。滴定过程反应如下：

$$\text{滴定前：EBT} + \text{Mg}^{2+} \longrightarrow \text{Mg-EBT}$$
$$\text{蓝色} \qquad\qquad \text{紫红色}$$
$$\text{滴定时：EDTA} + \text{Ca}^{2+} \longrightarrow \text{Ca-EDTA}$$
$$\text{无色}$$
$$\text{EDTA} + \text{Mg}^{2+} \longrightarrow \text{Mg-EDTA}$$
$$\text{无色}$$
$$\text{终点时：EDTA} + \text{Mg-EBT} \longrightarrow \text{Mg-EDTA} + \text{EBT}$$
$$\text{紫红色} \qquad\qquad\qquad \text{蓝色}$$

到达计量点时，呈现指示剂的纯蓝色。

若水样中存在 Fe^{3+}、Al^{3+} 等微量杂质时，可用三乙醇胺进行掩蔽，Cu^{2+}、Pb^{2+}、Zn^{2+} 等重金属离子可用 Na_2S 或 KCN 掩蔽。

水的硬度常以氧化钙的量来表示。各国对水的硬度表示不同，我国沿用的硬度表示方法有两种：一种以度（°）计，1 硬度单位表示十万份水中含 1 份 CaO（即每升水中含 10mg CaO），即 1°＝10mg/L CaO；另一种以 CaO mmol/L 表示。经过计算，每升水中含有 1mmol CaO 时，其硬度为 5.6°，硬度（°）计算公式为：硬度（°）＝c（EDTA）V（EDTA）M（CaO）$V_水$×1000。若要测定钙硬度，可控制 pH 介于 12～13 之间，选用钙指示剂进行测定。镁硬度可由总硬度减去钙硬度求出。

三、仪器和试剂

1. 仪器

台秤、分析天秤、酸式滴定管、锥形瓶、移液管（25.00mL）、容量瓶（250mL）、烧杯、试剂瓶、量筒（100mL）、表面皿。

2. 试剂

EDTA 标准溶液、K-B 指示剂、三乙醇胺（1∶1）、NH_3-NH_4Cl 缓冲溶液（pH＝10）、铬黑 T 指示剂（0.05%）、钙指示剂、Na_2S（2%）溶液。

四、操作规程

取水样 100mL 于 250mL 锥形瓶中，加入 5mL 1∶1 三乙醇胺（若水样中含有重金属离子，则加入 1mL 2% Na_2S 溶液掩蔽），5mL 氨性缓冲溶液，2～3 滴铬黑 T（EBT）指示剂，0.005mol/L EDTA 标准溶液（用已标定的 0.02mol/L EDTA 标准溶液稀释或重新配置的 0.005mol/L EDTA 标准溶液）。滴定至溶液由紫红色变为纯蓝色，即为终点。注意接近终点时应慢滴多摇。平行测定三次，计算水的总硬度，以度（°）和 CaO mmol/L 两种方法表示分析结果。

思 考 题

（1）铬黑 T 指示剂是怎样指示滴定终点的？

（2）络合滴定中为什么要加入缓冲溶液？

（3）用 EDTA 法测定水的硬度时，哪些离子的存在有干扰？如何消除？

（4）络合滴定与酸碱滴定法相比，有哪些不同点？操作中应注意哪些问题？

附 录

钙硬度和镁硬度的测定

取水样 100mL 于 250mL 锥形瓶中，加入 2mL 6mol/L NaOH 溶液，摇匀，再加入 0.01g 钙指示剂，摇匀后用 0.005mol/L EDTA 标准溶液滴定至溶液由酒红色变为纯蓝色即为终点。计算钙硬度。由总硬度和钙硬度求出镁硬度。

注释

铬黑 T 与 Mg^{2+} 显色灵敏度高，与 Ca^{2+} 显色灵敏度低，当水样中 Ca^{2+} 含量高而 Mg^{2+} 很低时，得到不敏锐的终点，可在水样中加入少许 Mg-EDTA，利用置换滴定法的原理来提高终点变色的敏锐性，或者采用 K-B 混合指示剂。

水样中含铁量超过 10mg/mL 时用三乙醇胺掩蔽有困难，需用蒸馏水将水样稀释到 Fe^{3+} 不超过 10mg/mL。

任务七　工业酒精的蒸馏

一、能力目标

（1）能安装和拆卸蒸馏装置。

（2）会工业酒精的简单蒸馏操作。

二、原理

液体的分子由于分子运动有从表面逸出的倾向，这种倾向随着温度的升高而增大，进而在液面上部形成蒸气。当分子由液体逸出的速度与分子由蒸气中回到液体中的速度相等，液面上的蒸气达到饱和，称为饱和蒸气。它对液面所施加的压力称为饱和蒸气压。当液体的蒸气压增大到与外界施于液面的总压力（通常是大气压力）相等时，就有大量气泡从液体内部逸出，即液体沸腾。这时的温度称为液体的沸点。

蒸馏就是当液体混合物受热时，蒸馏瓶内的混合液不断汽化，当液体的饱和蒸汽压与施加给液体表面的外压相等时，液体沸腾，新生的蒸气经过冷凝后再凝结成液体，从而使混合物得以分离。

通过蒸馏可除去不挥发性杂质，可分离沸点差大于 30℃ 的液体混合物，还可以测定纯液体有机物的沸点及定性检验液体有机物的纯度。

工业酒精除含杂质（如甲醇）外，主要是由乙醇和水形成的二元恒沸液。可以用常压蒸馏的方法将乙醇与水分离。

三、乙醇的物理常数

乙醇的物理常数见表 6-1。

表 6-1　乙醇物理常数表

名称	相对分子质量	性状	d_4^{20}	m. p. /℃	b. p. /℃	N_D^{20}	溶解性	
							水	乙醚
乙醇	46.07	无色液体	0.7898	−117.3	78.5	1.3611	∞	∞

四、仪器和试剂

1. 仪器

直型冷凝管、蒸馏头、真空冷凝管、铁架台、水浴锅（可调电炉）、酒精灯、圆底烧瓶（100mL）、温度计套管、温度计（150℃）、橡胶管、长颈漏斗、量筒。

2. 试剂

工业酒精、沸石。

五、操作规程

（1）热源为水浴锅，将水浴锅放在铁圈上，铁圈下放酒精灯，酒精灯下放木块，以便调节火焰高度。按图 6-4 所示将蒸馏装置安装好，将圆底烧瓶球体的 2/3 进入到水中。

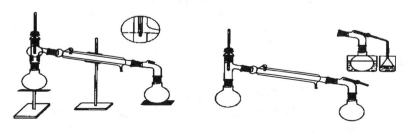

图 6-4　普通蒸馏装置图

（2）取下温度计套管，用长颈漏斗将 60mL 工业酒精注入圆底烧瓶内，加入 2～3粒沸石，安装好温度计，注意温度计水银球的位置，慢慢通冷凝水。

（3）开始时用小火加热，观察液体汽化情况，并注意温度计读数，当蒸气上升到温度计水银球部时，温度计读数急剧上升，适当调小火焰，使温度计水银球在蒸馏过程中有液滴，保持馏分的馏出速度为每秒 1～2 滴。

（4）当温度计读数上升到 78℃ 左右并保持稳定时，另换一个洁净、干燥的接收器于接液管上，控制加热温度，收集 77～79℃ 的馏分。当温度突然下降或烧瓶内液体量很少时，停止加热，稍冷后关闭冷凝水，拆下仪器，量出馏分的体积。

六、注意事项

（1）蒸馏前应根据待蒸馏的液体体积选择合适的蒸馏瓶。蒸馏瓶也不可过大，因蒸馏瓶越大，产品损失就越多，一般液体体积占蒸馏瓶容积的 1/3～2/3 即可。

（2）加热前，要加入沸石，若已经加热，发现未加入沸石，要待液体稍冷（低于沸腾温度）后再加入沸石，切忌在沸腾时或接近沸腾的液体中加入沸石，这样会引起暴沸。如加热中断，再加热时，应重新加入新的沸石，因原来的沸石小孔已被液体充满，不能再起汽化中心的作用。

（3）在蒸馏过程中需要加入液体时，必须停止加热，但不能停止通冷凝水。

（4）当冷凝管处于热的状态而要通入冷却水时，应注意缓慢通入，以免冷凝管因骤冷而破裂。

（5）蒸馏体系绝对不能密封，当接受的产品易受潮，需要在接液管安装干燥管或其他吸收管时，更应引起注意。

（6）无论进行任何操作，蒸馏瓶内的液体都不应蒸干，以防止蒸馏瓶过热或有过氧化物存在而发生爆炸。

思 考 题

（1）若蒸馏体系密闭，会引起什么结果？

（2）蒸馏时加沸石的目的是什么？沸石是否可在液体沸腾时加入？沸石可否重复使用？

（3）拆、装仪器的程序是怎样的顺序？

（4）蒸馏乙醇时为何用水冷凝？冷却水为何从冷凝器的下端进入？

任务八 溶液 pH 值测定

一、能力目标

（1）能配制 pH 标准缓冲溶液。

（2）能正确使用和维护 pH 玻璃电极、甘汞电极和酸度计。

（3）能用酸度计测量溶液 pH 值。

二、仪器和试剂

1. 仪器

酸度计，电磁搅拌器，复合电极（pH 玻璃电极、饱和甘汞电极），100mL 烧杯。

2. 试剂

pH 分别为 4.00、6.86 和 9.18 的三种标准缓冲溶液（25℃），三种未知 pH 的溶液，广泛 pH 试纸。

三、操作规程

（1）将酸度计的 pH 键按下，温度补偿器调至溶液的温度。

（2）用 pH 试纸分别判断三种未知溶液的大致 pH，再选择相应的 pH 标准缓冲溶液。

（3）取两个 100mL 烧杯，分别倒入 pH 最大的未知溶液及相对应的标准缓冲溶液，溶液的体积应超过烧杯体积的一半，放入搅拌磁子。

（4）将甘汞电极和玻璃电极慢慢插入盛有标准缓冲溶液的烧杯中，注意使电极的底部高出磁子 1～1.5cm。

（5）开动搅拌器搅拌 1～2min，将仪器读数定位到标准缓冲溶液的 pH 上。

（6）将电极从 pH 标准缓冲溶液取出，蒸馏水冲洗干净，用滤纸吸干电极下部的水，然后将电极放入未知试液中，开动搅拌器搅拌 1～2min，待电表指针（或读数）稳定后，可直接读取未知液的 pH。

（7）按上述步骤，依 pH 从大到小的顺序，测定另外两个未知试液的 pH。

思 考 题

（1）怎样正确使用玻璃电极和甘汞电极？

（2）在测定未知溶液的 pH 时，为什么要用标准缓冲溶液对酸度计进行校准？

任务九　醋酸解离度和解离常数的测定

一、能力目标

（1）能测定醋酸解离度和解离常数。

（2）会使用酸度计。

（3）熟练容量瓶和滴定操作。

二、原理

醋酸（CH_3COOH 或 HAc）是弱电解质，在水溶液中存在下列解离平衡：

$$HAc \Longrightarrow H^+ \quad + \quad Ac^-$$

起始浓度/(mol/L)　　　　c　　　　0　　　　　0

平衡浓度/(mol/L)　　　$c-c\alpha$　　　$c\alpha$　　　　$c\alpha$

若 c 为醋酸的起始浓度，α 为醋酸的解离度，[H^+]、[Ac^-]、[HAc] 分别为 H^+、Ac^-、HAc 的平衡浓度，K_a 为醋酸的解离常数，则 [H^+]=[Ac^-]=$c\alpha$，[HAc]= $c(1-\alpha)$。

解离度：$\alpha=[H^+]/c \times 100\%$

解离常数：$K_a=[H^+][Ac^-]/[HAc]=c\alpha^2/(1-\alpha)=[H^+]^2/(c-[H^+])$

已知 $pH=-lg[H^+]$，所以测定了已知浓度的醋酸溶液的 pH 值，就可以求出它的解离度和解离常数。

再从 [H^+]=[Ac^-] 和 [HAc]=$c-[H^+]$ 关系式求出 [Ac^-] 和 [HAc]，代入 K_a 计算公式便可计算出该温度下的 K_a 值。

三、仪器与试剂

1. 仪器

容量瓶（50mL，三个），吸量管（10mL），移液管（25.00mL），烧杯（50mL），锥形瓶（250mL），碱式滴定管（50mL），雷磁 pH-25 型酸度计，洗耳球，温度计（0～100℃）。

2. 试剂

0.2mol/L HAc 待测液，0.2mol/L NaOH 标准溶液，酚酞指示剂，标准缓冲溶液（pH=4）。

四、操作规程

1. 标定原始醋酸溶液的浓度

用移液管移取 25.00mL 待标定醋酸溶液置于锥形瓶中，加 1～2 滴酚酞用 NaOH 标准溶液滴定至微红色，并半分钟内不褪色为止。记下所用的 NaOH 溶液的体积。再重复上述滴定操作 2 次，要求 3 次所消耗 NaOH 溶液的体积相差小于 0.005mL。计算 HAc 溶液的浓度。

2. 配制不同浓度的醋酸溶液

用移液管和吸量管吸取 2.50mL、5.00mL、25.00mL 已测得准确浓度的醋酸溶液分别置于 3 个 50mL 容量瓶中。用蒸馏水稀释至刻度，摇匀，计算出这三只瓶中醋酸溶液的浓度。（溶液的浓度分别为 0.01mol/L、0.02mol/L、0.1mol/L）

3. 测定不同浓度醋酸溶液的 pH 值

取以上 4 种不同浓度的醋酸溶液（溶液的浓度分别为 0.01mol/L、0.02mol/L、0.1mol/L、0.2mol/L）25mL 分别加入 4 只洁净干燥的 50mL 烧杯中，按由稀到浓的次序在雷磁 pH-25 型 pH 计上分别测出它们的 pH 值，记录数据和室温。计算解离度和解离平衡常数。

五、数据记录与处理

数据记录表见表 6-2。

表 6-2　醋酸解离度和解离常数的测定

温度 ＿＿＿＿ ℃

实验序号	c /(mol/L)	pH 值	$[H^+]$ /(mol/L)	$\alpha/\%$	电离常数 K_a	
					测定值	平均值
1						
2						
3						
4						

思　考　题

（1）用 pH 计测定醋酸溶液的 pH 值，为什么要按浓度由低到高的顺序进行？

（2）本实验中各醋酸溶液的 $[H^+]$ 测定可否改用酸碱滴定法进行？

（3）醋酸的电离度和电离平衡常数是否受醋酸浓度变化的影响？

任务十　电导法测定 $BaSO_4$ 的溶度积

一、能力目标

（1）会沉淀的生成、陈化、离心分离、洗涤等基本操作。

（2）会使用电导率仪。

二、原理

1. 电导和电导率

和金属导体一样，电解质溶液的电阻也符合欧姆定律。温度一定时，两极间溶液的电

阻 R 与两极间的距离 l 成正比，与电极面积 A 成反比。电解质溶液导电能力的大小，常用电导 G 或电导率 κ 来衡量。电导为电阻的倒数，单位为 S（西门子），它们之的关系为：

$$G = \frac{l}{R} = \kappa \frac{A}{l}$$

式中，κ 为电导率或比电导，它是电阻率 ρ 的倒数，单位为 S/m，其含义是：放在相距 1m、电极面积为 $1m^2$ 的两个电极之间电解质溶液的电导。

用电导池测量电导时，电极距离 l 和电极面积 A 是固定的，故 A 为一常数，称为电导池常数，以 θ 表示。

$$G = \kappa \frac{l}{\theta}$$

2. 摩尔电导和溶度积

在一定温度下，同一电解质不同浓度的溶液的电导与两个量有关，即溶液的电解质总量和溶液的电离度。为了比较电解质的导电能力，引入摩尔电导率 Λ_m 的概念，即摩尔电导率 Λ_m 为电导率 κ 除以物质的量浓度 c 用公式表示为：

$$\Lambda_m = \frac{\kappa}{c}$$

式中，κ 单位为 S/m；c 的单位 mol/m^3；Λ_m 的单位是 $S \cdot m^2/mol$。

摩尔电导率的意义是：$l = 1m$，$A = 1m^2$ 两个电极间溶液含有 1mol 电解质时所具有的电导——浓度为 1mol/L 电解质溶液的导电能力。由于实验室中 c 常以 mol/L 表示，则上改为：

$$\Lambda_m = \frac{\kappa}{c} \times 10^{-3}$$

$BaSO_4$ 是难溶电解质，在其饱和溶液中存在如下平衡：

$$BaSO_4 \Longrightarrow Ba^{2+} + SO_4^{2-}$$

$$K_{sp}(BaSO_4) = [Ba^{2+}][SO_4^{2-}] = c^2$$

25℃时，$BaSO_4$ 的饱和溶液可以看作是无限稀溶液，$BaSO_4$ 的极限摩尔电导：

$$\Lambda_{0,BaSO_4} = \Lambda_{0,Ba^{2+}} + \Lambda_{0,SO_4^{2-}}$$
$$2(\Lambda_{0,1/2Ba^{2+}} + \Lambda_{0,1/2SO_4^{2-}})$$
$$= 2(63.64 + 79.80)$$
$$= 286.88 S \cdot cm^2/mol$$
$$又 \Lambda_m = 10^{-3} \times \kappa/c$$

测得电导率 $\kappa(BaSO_4)$，即可求得溶液的浓度 c，进而求得 $K_{sp}(BaSO_4)$。

$$c = \frac{\kappa(BaSO_4)}{\Lambda_{0,BaSO_4} \times 1000} = \frac{\kappa(BaSO_4) - \kappa(H_2O)}{\Lambda_{0,BaSO_4} \times 1000}$$

$$K_{sp}(BaSO_4) = c^2 = \left[\frac{\kappa(BaSO_4) - \kappa(H_2O)}{\Lambda_{0,BaSO_4} \times 1000}\right]^2$$

三、仪器与试剂

1. 仪器

DDS-11 型电导仪、恒温水浴、烧杯、量筒、温度计。

2. 试剂

硫酸钡、重蒸馏水。

四、操作规程

1. BaSO₄ 沉淀的制备

（1）量取 30mL、0.05mol/L H_2SO_4 溶液置于 100mL 小烧杯中。加热近沸（到刚有气泡出现），在搅拌下趁热将 30mL、0.05mol/L $BaCl_2$ 溶液慢慢加入到 H_2SO_4 中（每秒 2~3 滴）。加热完后以表面皿作盖，继续加热煮沸 5min，再小火搅拌 10min，取下静置、陈化。

（2）当沉淀上面的溶液澄清时，用倾析法倾去上层清液。将沉淀和少量余液，用玻璃棒搅成乳状，分次转移至离心管中，进行离心分离，弃去溶液。

（3）在小烧杯中加入 40mL 蒸馏水，加热近沸，用其洗涤离心管中的 BaSO₄ 沉淀。每次加入 4~5mL 水，用玻璃棒将沉淀充分搅混，再离心分离，弃去洗涤液。重复洗涤至洗涤液中无 Cl^- 为止（一般洗涤至第四次，就可进行有无 Cl^- 的检查）。

2. BaSO₄ 饱和溶液的制备

将上述制得的 BaSO₄ 置于 50mL 烧杯中，加入已测定电导率的蒸馏水，加热煮沸 3~5min，静置冷却至 25℃。饱和溶液的上清液，于 25℃ 时测定其电导率。

3. 电导率测定：用 DDS-11 型电导仪

（1）测量配制 BaSO₄ 饱和溶液所用蒸馏水 40mL，25℃ 时测定其电导率。

（2）测定 BaSO₄ 饱和溶液电导率 $\kappa(BaSO_4)$，并将实验结果填入表 6-3 中。

表 6-3　电导法测定 BaSO₄ 的溶度积

室温/℃	$\kappa(BaSO_4)/(\mu S/cm)$	$\kappa(H_2O)/(\mu S/cm)$

思 考 题

（1）在什么条件下可用电导率计算溶液浓度？

（2）什么是极限摩尔电导率？

任务十一　邻二氮菲分光光度法测定水中微量铁

一、能力目标

（1）能用分光光度计测定物质含量。

（2）学会邻二氮菲分光光度法测定水中铁含量。

（3）能绘制吸收曲线和工作曲线，会选择最大吸收波长。

二、原理

邻二氮菲测定 Fe 是国家标准方法。在 pH 1.5～2.9 的条件下，Fe^{2+} 与邻二氮菲生成极稳定的红色络合物，反应式如下：

$$3 \text{（邻二氮菲）} + Fe^{2+} \longrightarrow \left[Fe \text{（邻二氮菲）}_3 \right]^{2+}$$

在显色前，首先用盐酸羟胺把 Fe^{3+} 还原为 Fe^{2+}。其反应式如下：

$$2Fe^{3+} + 2NH_2OH \cdot HCl \longrightarrow 2Fe^{2+} + N_2 + 2H_2O + 4H^+ + 2Cl^-$$

测定时，控制溶液酸度在 pH＝3～8 较为适宜。酸度高时，反应进行较慢；酸度太低，则 Fe^{2+} 水解，影响显色。

三、仪器和试剂

1. 仪器

100mL 容量瓶一个、50mL 容量瓶 5 个、移液管一支、100mL 烧杯一个，玻璃棒一根、洗耳球一个、比色皿一套。

2. 试剂

（1）100μg/mL 的铁标准溶液　准确称取 0.864g 分析纯 $NH_4Fe(SO_4)_2 \cdot 12H_2O$，置于 100mL 烧杯中，以 30mL 2mol/L 的 HCl 溶液溶解后移入 1000mL 容量瓶中，以水稀释至刻度，摇匀。

（2）10μg/mL 的铁标准溶液　由 100μg/mL 的铁标准溶液准确稀释 10 倍而成。

（3）盐酸羟胺固体及 10% 溶液（因其不稳定，需临用时配制）。

（4）0.1% 邻二氮菲溶液（新配制）。

（5）1mol/L NaAc 溶液。

四、操作规程

1. 吸收曲线的测绘

准确移取 10μg/mL 的铁标准溶液 5mL 于 50mL 容量瓶中，加入 10% 盐酸羟胺溶液 1mL，摇匀，稍冷后，加入 1mol/L NaAc 溶液 5mL 和 0.1% 邻二氮菲溶液 3mL，加水稀释至刻度，在 722 型分光光度计上，用 2cm 的比色皿，以水为参比溶液，用不同的波长从 440nm 开始到 600nm 为止，每隔 10nm 或 20nm 测定一次吸光度，每换一个波长必须重新校正吸光度为 0，在最大吸收波长附近（510mm 附近）每隔 5nm 测定一个吸光度。以波长为横坐标，吸光度为纵坐标绘制出吸收曲线，吸收曲线上的吸光度最大的波长为测定的适宜波长。

2. 标准曲线的测绘

取 50mL 容量瓶 6 只，分别准确移取 10μg/mL 铁标准溶液 2.0mL、4.0mL、

6.0mL、8.0mL 和 10.0mL 于 5 只容量瓶中，另一容量瓶中不加铁标准溶液（配制空白溶液，作参比）。然后各加 1mL 10％盐酸羟胺，摇匀，经 2min 后，再各加 5mL 的 1mol/L NaAc 溶液及 3mL 的 0.1％邻二氮菲，以水稀释至刻度，摇匀。在分光光度计上，用 2cm 比色皿，不同浓度在最大吸收波长（510nm）处，测定各溶液的吸光度。以铁含量为横坐标，吸光度为纵坐标，绘制标准曲线。

3. 未知液中铁含量的测定

吸取 5mL 未知液代替标准溶液，其他实验步骤同上，测定吸光度。由未知液的吸光度在标准曲线上查出 5mL 未知液中的铁含量，然后以每毫升未知液中含铁多少微克表示结果。

五、记录及分析结果

1. 记录

分光光度计型号_____ 比色皿厚度_____ 光源电压_____

2. 绘制曲线

记录表记录数据至表 6-4 和表 6-5。

表 6-4　吸收曲线的测绘

波长 λ/nm	440	460	480	490	495	500	505	510
吸光度 A								
波长 λ/nm	515	520	525	530	540	560	580	600
吸光度 A								

表 6-5　标准曲线的绘制与铁含量测定

编号	1	2	3	4	5	6	7(未知)
标准溶液/mL							
吸光度							

3. 绘制吸收曲线和标准曲线

4. 分析结果

$c(\text{Fe})(\text{mg/L})=($　　　　$)$。

思 考 题

(1) 邻二氮菲分光光度法测定铁的适宜条件如何确定，是什么？

(2) Fe^{3+} 标准溶液在显色前要加盐酸羟胺的目的是什么？如测定一般铁盐的总铁量，是否需要加盐酸羟胺？

(3) 如用配制已久的盐酸羟胺溶液，对分析结果会有什么影响？

(4) 怎样选择本实验中各种参比溶液？

(5) 在本实验的各项测定中，加某种试剂的体积要比较准确，而某种试剂的加入量则不必准确量度，为什么，请说明理由？

(6) 溶液的 pH 对邻二氮菲铁的吸光度影响如何？为什么？

任务十二　工业废水中挥发酚含量的测定

一、能力目标

（1）能用分光光度法测定废水中挥发酚含量。

（2）学会分光光度计的操作方法。

二、原理

有些工业废水中含有酚类，使环境受到污染。当水样中酚类含量低于 10mg/L 时，可以采用分光光度法进行测定。4-氨基安替比林是比较理想的显色剂，在有氧化剂存在的情况下，4-氨基安替比林与酚在微量碱性溶液中作用生成红色染料。常用铁氰化钾 $K_3[Fe(CN)_6]$ 作氧化剂，用 NH_3-NH_4Cl 缓冲溶液使反应保持微碱性。酚含量较高时，显色反应后溶液呈红色，在 30min 内保持稳定，其最大吸收波长为 510nm；酚含量小于 0.5mg/L 时，显色后需用氯仿 $CHCl_3$ 提取，提取液为橙黄色，可在 460nm 波长处测定。

由于工业废水成分复杂，可能有色、浑浊，或存在对本法有干扰的物质，故将废水进行预蒸馏。让挥发酚类化合物随水蒸气蒸出，收集馏出液进行显色和分光光度测定。

三、仪器和试剂

1. 仪器

分光光度计、蒸馏装置、500mL 分液漏斗、250mL 容量瓶、移液管。

2. 试剂

（1）$\rho=1.00$mg/mL 的酚标准溶液Ⅰ：准确称取 1.000g 精制苯酚，溶解于蒸馏水中，然后移入 1L 的容量瓶中，用蒸馏水稀释至刻度，摇匀作贮备液。

（2）$\rho=10.0\mu$g/mL 的酚标准溶液Ⅱ：移取酚标准溶液Ⅰ1.00mL 置于 100mL 容量瓶中，加水稀释至刻线，摇匀，用时配制。

（3）$\rho=1.0\mu$g/mL 的酚标准溶液Ⅲ：移取酚标准溶液Ⅱ10.00mL 置于 100mL 容量瓶中，加水稀释至刻线，摇匀，用时配制。

（4）$\rho=20$g/L 的 4-氨基安替比林溶液。

（5）$\rho=20$g/L 的 $K_3[Fe(CN)_6]$ 水溶液。

（6）pH＝10 的缓冲溶液：称取 20g 分析纯 NH_4Cl，溶于 150mL 氨水中。

（7）$\omega(H_3PO_4)-0.85$ 的磷酸溶液。

（8）$\rho=10$g/L 硫酸铜溶液。

（9）$\rho=1$g/L 甲基橙指示液。

（10）分析纯氯仿。

四、操作规程

1. 预蒸馏

取 250mL 水样于蒸馏瓶中，加数粒玻璃珠以防暴沸；加两滴甲基橙指示液，用磷酸调节 pH＝4（溶液呈橙红色）；加 $CuSO_4$ 溶液 5mL 进行蒸馏，收集馏出液于 250mL 容量瓶中，当蒸馏出 225mL 时，停止加热，放冷。向蒸馏瓶中加 25mL 水，继续蒸馏至馏出液为 250mL。

2. 水溶液显色分光光度法

（1）在一组 50mL 容量瓶中，分别加入 0.00mL、1.00mL、2.00mL、4.00mL、6.00mL、8.00mL、10.00mL 标准酚溶液Ⅱ；在另一 50mL 容量瓶中加入 10～20mL 含酚馏出液（根据废水试样中酚含量决定取样量，使测得的吸光度在标准曲线的中间）。分别向各瓶加蒸馏水 20mL、缓冲溶液 0.5mL、4-氨基安替比林溶液 1.0mL。每加一种试剂都要摇匀。最后加入 $K_3[Fe(CN)_6]$ 溶液 1.0mL，充分摇匀。加水稀释至刻度，摇匀后放置 10min。

（2）用 2cm 吸收池，以未知标准酚溶液的空白溶液为参比，在 510nm 波长下，分别测定上述酚标准系列显色液和含酚样品馏出液的显色液的吸光度。以标准系列溶液酚含量（μg）为横坐标，相应的吸光度为纵坐标，绘制标准曲线。根据样品溶液的吸光度，由标准曲线处查试样溶液中酚的含量。

以上测定均应在 30min 内完成。

3. 氯仿萃取光度法

（1）在一组 500mL 分液漏斗中，分别加入 100mL 水，依次加入 0.00mL、1.00mL、2.00mL、4.00mL、6.00mL、8.00mL、10.00mL 标准酚溶液Ⅲ，再分别加蒸馏水至 250mL，加缓冲溶液 2.0mL，加 4-氨基安替比林溶液 1.5mL。每加一种试剂都要摇匀。最后加入 $K_3[Fe(CN)_6]$ 溶液 1.5mL，充分混匀后放置 10min。

（2）准确加入 10.0mL 氯仿，加塞剧烈震荡 2min，静置分层，用干脱脂棉拭干分液漏斗颈管内壁，干颈管内塞一小团脱脂棉或滤纸，放出氯仿层。弃去最初滤出的数滴滤取液后，直接放入 2cm 吸收池中，在 460nm 波长下，以未加酚标准溶液的氯仿萃取液为参比，测量各瓶萃取液的吸光度。绘制吸光度对苯酚含量（μg）的标准曲线。

（3）将 250mL 含酚馏出液全部转入 500mL 分液漏斗中，或分取一定体积的馏出液加水至 250mL（视水样中酚含量而定）。用与上述相同的步骤显色、萃取、测量吸光度，并从标准曲线上查出试样中苯酚的含量 m（μg）。

数据记录格式见表 6-6。

表 6-6　工业废水中挥发酚含量的测定

序号	1	2	3	4	5	6	7	试样
酚含量/μg								
A								

五、数据处理

废水试样中挥发酚的质量浓度按下式计算：

$$\rho(C_6H_6OH) = m/V$$

式中 V——所取含酚馏出液的体积。

六、注意事项

（1）本法所用水均不得含酚和游离氯。

（2）试样中酚含量应在取样后 4h 内进行测定，否则需于每升水样中加 0.5g NaOH 或 5mL $\rho = 10g/L$ $CuSO_4$ 溶液，防止分解。

（3）由于生成红色安替比林染料的反应进行较慢，室温较低时更是如此，因此在加入显色剂并摇匀后，需放置 10min 才能测定。但所生成的有色物质又不稳定，测定必须在 30min 内完成，否则红色会逐渐消退，吸光度逐渐降低。

（4）由于对位有机取代基的酚类不能和 4-氨基安替比林进行显色反应，因此本法测定的是苯酚以及含有邻位和间位取代基的酚类的总和，测定结果以 C_6H_5OH 表示。

思 考 题

（1）实验中为什么以空白溶液为参比而不以纯溶剂，如水或 $CHCl_3$ 为参比？

（2）废水试样为什么要预蒸馏？蒸馏前加入磷酸和硫酸铜的目的是什么？

（3）两种方法测定吸光度时，所用波长为什么不同？

任务十三 液态化合物折射率的测定

一、能力目标

（1）能测定液态化合物折射率。

（2）学会使用阿贝折射仪测定折射率。

二、原理

当光从一种介质射入另一种介质时，光传播方向会发生改变，这种现象称为光的折射（见图 6-5）。

光从光疏介质 A 射入光密介质 B 时，入射角 α 与折射角 β 的正弦之比等于介质 B 对介质 A 的相对折射率（n）：

$$\frac{n_B}{n_A} = \frac{\sin\alpha}{\sin\beta}$$

随着入射光束的入射角 α 增大，β 也增大，当入射角 $\alpha = 90°$ 时，折射角 β 最大为 β_0，故上式可改写为：

$$\frac{n_B}{n_A} = \frac{1}{\sin\beta_0}$$

当光线从空气射入液体时其 $n_A = 1.00027$，$n_B = 1/\sin\beta_0$。

以此关系式为基础，利用阿贝（Abbe）折射仪即可方便而精确地测出物质的折射率。

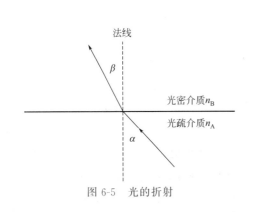

图 6-5　光的折射

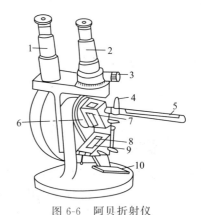

图 6-6　阿贝折射仪

1—读数显微镜；2—测量望远镜；3—消色散旋钮；

4—恒温水入口；5—温度计；6—转轴；7—测量棱镜；

8—辅助棱镜；9—加液槽；10—反射镜

三、阿贝折射仪的构造

阿贝折射仪的主要组成部分是两块可以开启的直角棱镜，上面一块是光滑的，下面的表面是磨砂的。阿贝折射仪的构造如图 6-6 所示，左面有一个镜筒刻度盘，上面刻有 1.3000～1.7000 的格子，右面也是一个镜筒，用来观察折射情况的，筒内装有消色散棱镜，可使复色光转变为单色光；因此可直接利用日光测定折射率，所测数据与用钠光灯时所测得的数据一致。光线由反射镜射入下面的棱镜，发生漫射，以不同的入射角射入两棱镜间的液层，然后再射到上面棱镜光滑的表面上，由于它的折射率很高，一部分光线可以再经折射进入空气而达到测量镜筒，另一部分光线则发生全反射。调整测量棱镜以使测量镜筒中的视野如图 6-7(d) 所示。

自读数镜中读出折射率。

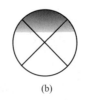

　　(a)　　　　　　　　(b)　　　　　　　　(c)　　　　　　　　(d)

图 6-7　阿贝折射仪在测定折射率时常见的几种视场

四、阿贝折射仪的使用方法

1. 仪器的安装

将折射仪置于靠窗的桌子上或明亮处。如测定时需恒温，将温度计旋入温度计套座内，将棱镜上恒温器接辅助棱镜、加液槽和反射镜。

2. 清洗

旋转棱镜锁紧手柄，打开棱镜，用洁净的脱脂棉球或镜头纸蘸少许丙酮或无水乙醇，轻轻地单方向擦洗进光镜和折射镜，防止其他残留液的存在而影响测量结果。折射仪即可方便而精确地测出物质的折射率。

3. 校正

待洗镜的溶剂挥发干后，滴 2～3 滴重蒸馏水于进光棱镜表面，关紧棱镜，转动左面刻度盘使读数镜内标尺读数与重蒸馏水的折射率（$n_D^{20} = 1.3299$，$n_D^{25} = 1.33255$）相等。调节反射镜，使从测量镜筒中观察视场清晰，转动消色散调节器，消除色散。用仪器附件——方孔调节扳手转动测量镜筒上的示值调节螺钉，使明暗界面对准"十"字叉线的交点，校正完毕。在以后的测定中不能再动调节螺钉。

4. 测定

准备工作做好后，打开棱镜，把待测液体 2～3 滴均匀地滴在进光棱镜的表面上，待整个镜面湿润后，关紧棱镜（如果是易挥发的液体，滴加样品时可由棱镜侧面的小孔加入），转动反射镜使视场明亮。轻轻转动刻度盘，在测量镜筒内找到明暗分界或彩色光带，再转动消色散调节器，直至看到清晰的分界线。转动刻度盘使分界线对准"十"叉线中心。读出折射率，重复 1～2 次。测量完毕后，按 2 清洗仪器。待溶剂挥发干后，关上棱镜，实验完毕。

五、注意事项

（1）如果读数镜筒内视场不明，应检查小反光镜是否开启。

（2）在测定折射率时常见情况如图 6-7 所示，其中图（d）是读取数据时的图案。当出现图（a）时即出现色散带，则需调节消色散旋钮直至彩色光带消失呈现图（b）图案，然后再调节棱镜调节旋钮直至呈现图（d）图案；如果出现图（c）图案，则是由于样品量不足所致，需再添加样品，重新测定。

（3）如果经上述方法均不能调整视场至图 6-7(d) 图案，可能是待测液体的折射率超出了 1.3～1.7。

折射率是物质的物理常数，固体、液体和气体都有折射率，尤其是液体的折射率，不仅可以作为为物质纯度的标准，也可用来鉴定未知物。物质的折射率随入射光线波长不同而变，也随测定时的温度不同而变化。通常温度升高 1℃，液态化合物折射率降低 $3.5 \times 10^{-4} \sim 5.5 \times 10^{-4}$，所以，折射率 n 应注明测定光线波长和测量时的温度，用 n_λ^t 来表示。通常在 20℃用钠光作光源（D 线，589.3nm）测定，则折射率表示为 n_D^{20}。

六、阿贝折射仪的维护

（1）阿贝折射仪在使用前和使用后，棱镜均需用丙酮或乙醚洗净，并干燥。滴管或其他硬物均不得接触镜面，擦洗镜面时只能用丝巾、脱脂棉或镜头纸吸干液体，不能用力擦。

（2）操作过程中，严禁手及汗水触及光学零件，以免使其污染，影响仪器性能。

（3）用完后要流尽金属套中的恒温水，拆下温度计并放在纸套筒中，将仪器擦净，放回盒中。

（4）折射仪不能放在日光直射或靠近热源的地方，以免样品迅速蒸发。

（5）酸、碱等腐蚀性液体不能用阿贝折射仪测其折射率。

（6）搬动仪器时，应避免震动和撞击，以防止光学零件损伤及影响精度。

思考题

（1）酸或碱等物质能用阿贝折射仪测其折光率吗？为什么？

（2）阿贝折射仪在使用前和使用后，棱镜需用什么洗净同时干燥？

任务十四　二组分溶液沸点组成图的绘制

一、能力目标

（1）能绘制常压下环己烷-异丙醇双液系的 T-x 图。

（2）学会利用相图求出恒沸点混合物的组成和最低恒沸点。

二、原理

在常温下，任意两种液体混合物组成的体系称为双液体系。若两液体能按任意比例相互溶解，则称为完全互溶双液体系；若只能部分互溶，则称为部分互溶双液体系。

液体的沸点是指液体的蒸气压与外界大气压相等时的温度。在一定的外压下，纯液体有确定沸点。而双液体系的沸点不仅与外压有关，还与双液体系的组成有关。在常温下，具有挥发性的 A 和 B 两种液体以任意比例相互溶解所组成的物系，在恒定压力下表示该溶液沸点与组成关系的相图称之为沸点-组成图，即 T-x 图。完全互溶双液体系在恒压下的沸点-组成图大致可分为以下三类（见图6-8～图6-10）。

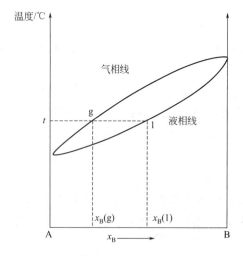

图6-8　简单互溶双液系的 T-x 图

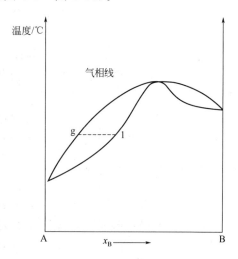

图6-9　具有最高恒沸点的 T-x 图

第Ⅰ类：溶液沸点介于两纯组分沸点之间，如苯与甲苯的混合体系。其沸点-组成图如图 6-8 所示。此类溶液在恒压蒸馏时，其气相组成和液相组成并不相同，有较低蒸气压的液体（B）在气相中的组成 $x_B(g)$ 总是小于在液相的组成 $x_B(l)$，因此可以通过反复蒸馏使互溶的二组分完全分离。

第Ⅱ类：溶液具有最高恒沸点，如卤化氢和水、丙酮与氯仿等。其沸点-组成图如图 6-9 所示。

第Ⅲ类：溶液具有最低恒沸点，如苯与乙醇、环己烷与乙醇、乙醇与 1,2-二氯乙烷等。其沸点-组成图如图 6-10 所示。

在第Ⅱ、Ⅲ类的 T-x 图中，出现极值

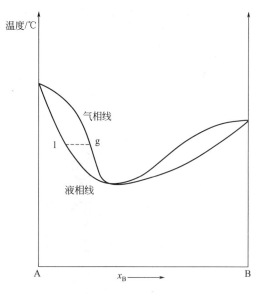

图 6-10 具有最低恒沸点的 T-x 图

点（极大值或极小值），此点的温度称为恒沸点，在恒沸点时，气相的组成与液相的组成相同，称为恒沸组成。而具有此组成的混合物称为恒沸混合物。对于Ⅱ、Ⅲ两类溶液，简单的反复蒸馏只能获得某一纯组分和恒沸混合物，而不能同时得到两种纯组分。恒沸点和恒沸混合物的组成与外压有关，改变外压可使恒沸点和恒沸混合物的组成发生变化。

本实验是用回流冷凝法测定环己烷-异丙醇体系的沸点-组成图。其方法是用阿贝折射仪测定不同组成的体系在沸点温度时气相、液相的折射率，再从折射率-组成工作曲线上查得相应的组成，然后绘制沸点-组成图。

三、仪器和试剂

1. 仪器

阿贝折射仪一台、双液系沸点测定仪一套、恒温槽一台、吸液管、1mL 移液管两支、量筒 3 只、小试管 9 支。

2. 试剂

（1）异丙醇 分析纯（AR）。

（2）环己烷 分析纯（AR）。

四、操作规程

1. 调节恒温槽温度

调节恒温槽温度比室温高 5℃左右，通恒温水于阿贝折射仪中。

2. 测定折射率与组成的关系，绘制标准工作曲线

将 9 支小试管编号，依次移入 0.100mL、0.200mL、…、0.900mL 的环己烷，再依次移入 0.900mL、0.800mL、…、0.100mL 异丙醇，轻轻摇动，混合均匀，配成 9 份已知浓度的溶液（按纯样品的密度，换算成质量分数）。用阿贝折射仪测定每份溶液

的折射率及纯环己烷和异丙醇的折射率。以折射率对浓度作图，即可绘制标准工作曲线。

3. 测定沸点与组成的关系

（1）仪器的安装　将干燥的沸点测定仪按图 6-11 安装好，要检查装置连接的是否严密，不能漏气。

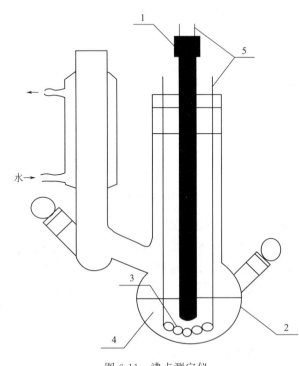

图 6-11　沸点测定仪

1—热电偶温度计；2—沸点仪；3—电热丝；4—待测液；5—导线

（2）测定沸点和气相冷凝液、蒸馏液的折射率　加热使沸点仪中溶液沸腾，待溶液沸腾且回流正常后 1～2min，旋转活塞，用毛细管吸取少许样品（即为气相样品），随即将活塞转回回流位置。把所取的样品迅速滴入折射仪中，测其折射率 n_g。再用另一支滴管吸取沸点仪中的溶液，测其折射率 n_l。在每次取气相和液相样品分析前，要分别记下沸点仪中温度计的气相温度 t_g 和液相温度 t_l。

本实验以恒沸点为界，把相图分成左右两半，分两次来绘制相图的。具体方法如下：

① 右一半沸点-组成关系的测定　在三口烧瓶中加入 20mL 异丙醇和 1mL 环己烷，再加入几小块沸石，按上述方法测定 n_g 和 n_l，并记下温度 t_g 和 t_l，然后依次加入 1.5mL、2.0mL、2.5mL、3.0mL、6.0mL、25.0mL 的环己烷。每加一次环己烷都要按上述方法分别测定其 n_g 和 n_l 及温度 t_g 和 t_l。实验完毕后将溶液倒入回收瓶中。

② 左一半沸点-组成关系的测定　在三口烧瓶中加入 50mL 环己烷，依次加入 0.3mL、0.5mL、0.7mL、1.0mL、2.5mL、5.0mL、12.0mL 的异丙醇，分别按方法 ① 进行测定。

4. 数据处理

略。

五、注意事项

（1）由于整个体系并非绝对恒温，汽液两相的温度会有少许差别，因此沸点仪中，温度计水银球的位置应一半浸在溶液中，一半露在蒸气中。并随着溶液量的增加不断调节水银球的位置。

（2）实验中尽可能避免过热现象，为此每加两次样品后，可加入下一块沸石，同时要控制好液体的回流速度，不宜过快或过慢（回流速度的快慢可调节加热温度来控制）。

（3）在每一份样品的蒸馏过程中，由于整个体系的成分不可能保持恒定，因此平衡温度会略有变化，特别是当溶液中两种组成的量相差较大时，变化更为明显。为此每加入一次样品后，只要待溶液沸腾，正常回流 1～2min 后，即可取样测定，不宜等时间过长。

（4）每次取样量不宜过多，取样时毛细管一定要干燥，不能留有上次的残液，气相取样口的残液亦要擦干净。

（5）整个实验过程中，通过折射仪的水温度要恒定，使用折射仪时，棱镜不能触及硬物（如滴管），擦拭棱镜用擦净纸。

六、能力培养

通过绘制常压下环己烷-异丙醇双液系的 T-x 图，学会沸点仪的正确使用方法及温度控制法，并巩固阿贝折射仪的使用及维护，培养学生制图测绘和仪器维护调试能力。

思　考　题

（1）二组分液系沸点组成图的绘制实验中，每次加入蒸馏器中的溶液是否需要精确量取？若不用移液管而改用量筒量取，对相图的绘制有无明显影响？为什么？

（2）实验中沸点仪温度计水银球的位置怎样设置？

任务十五　高聚物分子量的测定——黏度法

一、能力目标

（1）能用乌氏（Ubbelohde）黏度计测定高聚物溶液黏度。
（2）学会测定聚乙烯醇平均分子量方法。

二、原理

1. 黏度及其表示方法

在高聚物中，分子的聚合度不一定相同，因此高聚物的分子量往往是不均一的，没有一个确定的值。通过实验的方法可测得某一聚合物的分子量分布情况和分子量的统计平均值，即平均分子量。由于测定原理和计算方法不同，所得结果也不相同，常见的平均分子量有：数均分子量、重均分子量、Z 均分子量和黏均分子量。在多种测量高聚物平均分子量的方法之中，黏度法具有设备简单、操作方便、且有很好实验精度的特点，因而是常用的方法之一。

黏度是指液体对流动所表现的阻力，这种力反抗液体中邻接部分的相对运动，因而是液体流动时内磨擦力大小的一种量度。因此，高聚物稀溶液的黏度 η 应包括溶剂分子之间的内摩擦、高聚物分子与溶剂分子之间的内摩擦以及高聚物分子之间的内摩擦，三者表现出来的黏度的总和。其中溶剂分子之间的内摩擦表现出来的黏度为纯溶剂黏度，

用 η_0 表示。在相同的温度下，通常 $\eta > \eta_0$，为了比较这两种黏度，将增比黏度定义为：

$$\eta_{sp} = \frac{\eta - \eta_0}{\eta_0} = \eta_r - 1 \qquad (6-1)$$

式中，η_r 称为相对黏度，它是溶液黏度和溶剂黏度的比值，它反映的也是溶液的黏度行为。增比黏度 η_{sp} 反映了扣除溶剂分子的内摩擦以后，仅仅高聚物分子间与溶剂分子和高聚物分子间的内摩擦所表现出来的黏度。

高聚物溶液的增比黏度 η_{sp} 往往随溶液浓度的增加而增加。为方便比较，将单位浓度下所显示的增比黏度 $\frac{\eta_{sp}}{c}$ 称为比浓黏度，将 $\frac{\ln\eta_r}{c}$ 称为比浓对数黏度。

2. 特性黏度

Huggins（1941 年）和 Kramer（1938 年）分别发现比浓黏度和比浓对数黏度溶液浓度之间符合下述经验关系式：

$$\frac{\eta_{sp}}{c} = [\eta] + k[\eta]^2 c \qquad (6-2)$$

$$\frac{\ln\eta_r}{c} = [\eta] + \beta[\eta]^2 c \qquad (6-3)$$

式中，c 为溶液的浓度，k 和 β 分别称为 Huggins 和 Kramer 常数。根据上述二式，以 $\frac{\eta_{sp}}{c}$-c 或 $\frac{\ln\eta_r}{c}$-c 作图可得两条直线，对同一高聚物，外推至 $c=0$ 时，两条直线相交于一点，所得截距为 $[\eta]$，称 $[\eta]$ 为特性黏度，如图 6-12 所示。显然，特性黏度可定义为：

$$[\eta] = \lim_{c \to 0} \frac{\eta_{sp}}{c} = \lim_{c \to 0} \frac{\ln\eta_r}{c} \qquad (6-4)$$

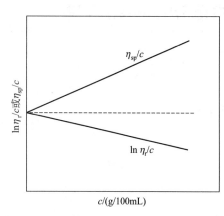

图 6-12　外推法求 $[\eta]$ 示意图

当溶液无限稀释时，高聚物分子彼此相隔很远，它们之间的摩擦效应可以忽略不计，因此，特性黏度主要反映了溶剂分子和高聚物分子之间的内摩擦效应，其值决定于溶剂的性质，更决定于聚合物分子的形态和大小，是一个与聚合物分子量有关的量。由于 η_{sp} 和 η_r 均是无因次量，所以 $[\eta]$ 的单位是浓度单位的倒数，它的数值随浓度表示方法的不同而不同。

实验证明，当聚合物、溶剂和温度确定以后，聚合物的特性黏度只与聚合物的摩尔质量有关，它们之间的关系可用 Mark-Houwink 经验方程式来表示：

$$[\eta] = K\overline{M}_\eta^a \qquad (6-5)$$

式中，$\overline{M}_\eta$ 是黏均分子量，K 和 α 都是与温度、聚合物、溶剂的性质有关的常数，在一定的分子量范围内与分子的大小没有关系。K 和 α 的数值只能通过其他绝对方法（如：渗透压法、光散射法等）确定，若已知 K 和 α 的数值，只要测得 $[\eta]$ 就可求出 $\overline{M}_\eta$。

3. 液体黏度的测定方法

液体黏度的测定方法主要有三类：①用旋转式黏度计测定液体与同心轴圆柱体相对转动的情况来确定黏度；②用落球式黏度计测定圆球在液体里的下落速度来确定黏度；③用毛细管黏度计测定液体在毛细管里的流出时间来确定黏度。前两种方法适于高、中黏度的溶液，毛细管黏度计适用于较低黏度的溶液，本实验采用该黏度计。

玻璃毛细管黏度计测量原理是：当液体在重力作用下流经黏度计中的毛细管时，遵守泊塞勒（Poiseuille）公式：

$$\frac{\eta}{\rho} = \frac{\pi h g r^4 t}{8lV} - m\frac{V}{8\pi lt} \tag{6-6}$$

式中，η 是液体黏度，ρ 是液体密度，l 是毛细管的长度，r 是毛细管半径，g 是重力加速度，t 是流出时间，h 是流经毛细管的液体平均液柱高度，V 是流经毛细管的液体体积，m 是动能校正系数，当 $\frac{r}{l} \ll 1$ 时，可取 $m=1$。

对于指定的某一黏度计，令 $A = \frac{\pi h g r^4}{8lV}$，$B = \frac{mV}{8\pi l}$，则式（6-6）可写成：

$$\frac{\eta}{\rho} = At - \frac{B}{t} \tag{6-7}$$

式中，当 $B<1$，$t>100s$ 时，等式右边第二项可以忽略。又因为通常测定是在稀溶液中进行（$c<1g/100mL$），溶液与溶剂的密度近似相等，则有

$$\eta_r = \frac{\eta}{\eta_0} = \frac{t}{t_0} \tag{6-8}$$

式中，t 为溶液的流出时间，t_0 为纯溶剂的流出时间。所以只需分别测定溶液和溶剂在毛细管中的流出时间就可得到 η_r。

三、仪器和试剂

1. 仪器

恒温槽 1 套，移液管（5mL、10mL）各 1 支，乌氏黏度计 1 支，锥形瓶（100mL）1 只，秒表 1 个，容量瓶（100mL）1 个，洗耳球 1 个，烧杯（50mL）1 个，3 号砂芯漏斗 1 只，电吹风 1 个。

2. 试剂

（1）聚乙烯醇

（2）正丁醇　分析纯（AR）。

（3）丙酮　分析纯（AR）。

四、操作规程

1. 聚乙烯醇溶液的配制

准确称取聚乙烯醇 0.500g 于烧杯中，加 60mL 蒸馏水，加热至 85℃ 使其溶解。冷至室温后，将溶液移至 100mL 容量瓶中，滴加 10 滴正丁醇（消泡剂），在 25℃ 恒温下，加蒸馏水稀释至刻度，并摇匀。然后，用预先洗净并烘干的 3 号砂芯漏斗过滤溶液。

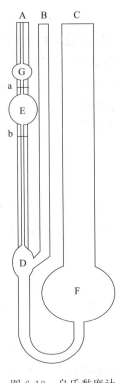

图 6-13　乌氏黏度计

2. 洗涤黏度计

本实验采用乌氏黏度计，如图 6-13 所示。先将经砂芯漏斗过滤的洗液倒入黏度计内进行洗涤，再用自来水、蒸馏水冲洗。对经常使用的黏度计需用蒸馏水浸泡，除去黏度计中残余的聚合物。黏度计的毛细管要反复用水冲洗。最后，加少量丙酮萃取管内水滴，将丙酮倒入指定试剂瓶中，用电吹风的热风吹黏度计 F、D 球，造成热气流，烘干黏度计。

3. 调节恒温槽温度

恒定温度在 $25.0℃\pm0.05℃$，将黏度计垂直置于恒温槽中，使水浴浸在 G 球以上。

4. 测纯溶剂的流出时间 t_0

移 20mL 已恒温的蒸馏水（含正丁醇 2 滴），由 C 管注入黏度计内，再恒温 5min 后，封闭 B 管，用洗耳球由 A 管吸溶剂上升至 G 球，同时松开 A、B 管。G 球内液体在重力作用下流经毛细管，当液面恰好到达刻度线 a 时，立即按下秒表，开始计时，待液面下降到刻度线 b 时再按下秒表，记录溶液流经毛细管的时间。重复测定三次，每次测得的时间不得相差 0.2s，取其平均值，即为溶剂的流出时间 t_0。

5. 测定溶液的流出时间 t

待 t_0 测完后，在原 20mL 水中加入 5mL 配制好的聚乙烯醇溶液，密封 B 管，用洗耳球在 A 管多次吸液至 G 球，以洗涤 A 管，并使溶液与溶剂水充分混合。用上述方法测定浓度为原溶液 1/5 的溶液的流出时间。此后再依次加入 5mL、5mL、5mL、10mL 配制好的聚乙烯醇溶液，稀释成相对浓度为 1/3、3/7、1/2、3/5 的溶液，并分别测定它们的流出时间。

五、数据记录和数据处理

数据记录见表 6-7。

表 6-7　高聚物分子量的测定

室温＿＿＿＿　　大气压＿＿＿＿　　恒温槽温度＿＿＿＿　　原溶液浓度＿＿＿＿ g/100mL

溶液相对浓度	流出时间				η_r	η_{sp}	$\dfrac{\eta_{sp}}{c}$	$\dfrac{\ln\eta_r}{c}$
	1	2	3	平均值				
0								
1/5								
1/3								
3/7								
1/2								
3/5								

注意：本实验是用 100mL 溶液中所含聚合物的克数作为浓度单位。

（1）以 $\dfrac{\eta_{sp}}{c}$ 和 $\dfrac{\ln\eta_r}{c}$ 对浓度 c 作图，得两直线，外推至 $c=0$，求出 $[\eta]$。

（2）已知聚乙烯醇在 25℃ 时，$K=2\times10^{-4}$、$\alpha=0.76$；在 30℃ 时，$K=6.66\times10^{-4}$，$\alpha=0.74$。求出聚乙烯醇的黏均摩尔质量 $\overline{M}_\eta$。

六、分析讨论

（1）做好实验的关键在于黏度计必须洗净，直至毛细管壁不挂水珠，且严格保持垂直位置。恒温槽的温度要控制在 $\pm0.05℃$ 内。配制聚合物溶液时，确保其完全溶解。否则，这些因素都会影响结果的准确性。

（2）最常用的毛细管黏度计有两种，一种是三管黏度计，即本实验采用的乌氏黏度计。其特点是溶液的流出时间与加入到 F 球中待测液的体积无关，因而可以在黏度计里加入溶剂或溶液改变待测液的浓度。另一种是二管黏度计，即奥氏黏度计。因为液体的流出时间与加入黏度计中的溶液的液面高度有关，因此，测定时标准液和待测液的体积必须相同。考虑到式（6-7）的动能改正项的忽略，需选择适宜的毛细管长度、直径的大小和 E 球的大小，使流出时间大于 100s，最好在 120s 左右为宜。但毛细管也不宜太细，否则测定时容易堵塞黏度计。黏度计使用完毕，应立即清洗，防止聚合物粘结甚至堵塞毛细管孔径。清洗后在黏度计内注满蒸馏水并加塞，防止落进灰尘。

（3）特性黏度的单位与浓度的单位互为倒数，然而在文献和现发行的实验教材中所用的单位也不完全相同，致使 $[\eta]=K\overline{M}_\eta^{\alpha}$ 一式中的常数 K 有数量级的不同。参数 K 的单位与 $[\eta]$ 相同，而参数 α 则是无因次的量。对同一聚合物，在不同的温度和不同的溶剂条件下，K 及 α 的值不同，使用时应加注意。

（4）在实验过程中，即使注意了上述各种事项，有时 $\dfrac{\eta_{sp}}{c}$ 和 $\dfrac{\ln\eta_r}{c}$ 对 c 作图仍然会遇到图 6-14 所表示的异常现

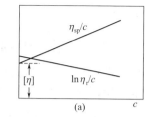

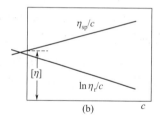

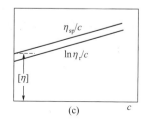

图 6-14 黏度测定中的异常现象示意图

象，这可能是聚合物本身的结构及其在溶液中的形态所致。对这些异常现象应以 $\dfrac{\eta_{sp}}{c}$ 与 c 的关系作为基准来确定聚合物溶液的特性黏度 $[\eta]$。这是因为 Huggins 方程中的 k 值和 $\dfrac{\eta_{sp}}{c}$ 值与聚合物结构和形态有关，具有明确的物理意义；而 Kramer 方程基本上是数学运算式，含义不太明确。

（1）乌氏黏度计中的支管 C 的作用是什么？除去支管 C 是否仍可以测定黏度？

（2）分析实验成功与失败的原因。

（3）特性黏度 $[\eta]$ 和纯溶剂的黏度是否一样？为什么？

任务十六　表面活性剂 HLB 值的测定

一、能力目标

学会 HLB 值的测定方法。

二、原理

HLB 是表示活性剂亲水基的亲水能力对亲油能力关系的关系。HLB 值越小，活性剂越亲油；HLB 值越大，活性剂越亲水。

本实验用乳化测定用乳化的 HLB 值的活性剂的 HLB 要求值和活性剂的 HLB 值。因为每种油都有一最合适于它乳化成水包油或油包水乳状液的 HLB 值，这个数值叫做乳化的 HLB 要求值，以 HLB 值表示。我们用两种已知 HLB 的活性剂按不同比例混合表面活性剂，然后用这些活性剂将油乳化，找出乳化剂这种油的最好的混合活性剂比例，就可以计算出油乳化的 HLB 要求值。例如，已知纯油酸 HLB 值为 1，纯油酸钠 HLB 值为 18，当油酸和油酸钠的比例为 $x : y$ 时，这种油乳化最好，则：

$$HLB = \frac{x}{x+y} \times 1 + \frac{y}{x+y} \times 18$$

找出这种油的 HLB 值，就可以同样用乳化法找出一种活性剂的 HLB 值，即将未知 HLB 值的活性剂与已知 HLB 值的活性剂按不同比例配成混合活性剂，然后用这些混合活性剂将这种油乳化，找出乳化剂的最好的混合活性剂的比例，就可以计算出未知活性剂的 HLB 值。

例如，由实验将油乳化成水包油乳状液时，乳化最好时的未知活性剂与油酸钠比例为 7：3，则未知活性剂的 HLB 值为：

$$\frac{0.7}{0.7+0.3} HLB（未知值） + \frac{0.3}{0.3+0.7} \times 18 = HLB$$

三、仪器和试剂

1. 仪器

带塞带刻度量筒、试管 10 个、试管架一个、100mL 烧杯一个。

2. 试剂

油酸钠、油酸、十四醇、煤油。

四、操作规程

1. 按表 6-8 及表 6-9 配不同浓度的水溶液和油溶液

表 6-8　油酸煤油溶液和油酸钠水溶液

序号	1	2	3	4	5
油酸煤油溶液浓度/(g/100mL)	1.8	1.0	0.61	0.2	0
油酸钠水溶液浓度/(g/100mL)	0.2	1.0	1.39	1.8	2.0

表 6-9　十四醇煤油溶液和油酸钠水溶液

序号	1	2	3	4	5
十四醇煤油溶液浓度/(g/100mL)	1.9	1.8	0.7	0.2	0
油酸钠水溶液浓度/(g/100mL)	0.1	0.2	1.3	1.8	2.0

2. 将相同序号的煤油溶液和油酸钠水溶液各 5mL 放入五支试管中，用塞子塞紧，这时各试管混合活性剂对整个体积的浓度都是相同的。按相同操作，配制五支试管十四醇煤油溶液与油酸钠水溶液混合溶液。

3. 依次将每支试管剧烈摇动 1min 后静置，半小时后分别量出每支试管的乳状液的长度，判别哪一比例的混合剂对煤油的乳化有最好的稳定性。

4. 如果要准确测量，可以在第一次乳化法测 HLB 值时，调整混合活性剂的比例进行类似的第二次试验。

五、结果处理

由实验数据计算十四醇的 HLB 值。

思　考　题

（1）测定油的 HLB 值有何实际意义？

（2）鉴别乳剂类型除了染色法和稀释法外还有哪些方法？各法的原理是什么？

（3）乳剂的类型是根据什么确定的？

任务十七　肥皂的制备

一、能力目标

（1）能制备肥皂。

（2）学会普通回流装置的安装与操作。

二、原理

动物脂肪的主要成分是高级脂肪酸甘油酯。将其与氢氧化钠溶液共热就会发生碱性水解（皂化反应），生成高级脂肪酸钠和甘油。在反应混合液中加入溶解度较大的无机盐，以降低水对有机酸盐的溶解作用，可使肥皂较为完全地从溶液中析出。这一过程叫盐析。利用盐析的原理可较好地将肥皂和甘油分离开。

肥皂是人们常用的去污剂，它的制造历史已达 2000 年之久。其特点是使用后可生物降解，不污染环境。但只适于在软水中使用。在硬水中使用时，会生成脂肪酸钙盐，以凝乳状沉淀析出，而失去去污能力。

本实验以动物油为原料制取肥皂。反应式如下：

$$C_{17}H_{35}COO-CH_2$$
$$|$$
$$C_{17}H_{35}COO-CH \ + \ 3NaOH \longrightarrow 3C_{17}H_{35}COONa + \ CH-OH$$
$$|$$
$$C_{17}H_{35}COO-CH_2 \qquad\qquad\qquad CH_2-OH$$

硬脂酸甘油酯　　　　　　　硬脂酸钠　　甘油

油脂和氢氧化钠共煮，水解为高级脂肪酸钠和甘油，前者经加工成型后就是肥皂。

三、仪器和试剂

1. 仪器

250mL（150mL 也可以）圆底烧瓶、球形冷凝管、烧杯（400mL）、玻璃棒、酒精灯、石棉网、铁架台、动物油（或植物油）。

2. 试剂

40％ NaOH，95％酒精，饱和食盐水。

四、操作规程

（1）在 150mL 圆底烧瓶里，加 10g 动物油、30mL 95％的酒精，然后加 30mL 40％的 NaOH 溶液。用玻棒搅拌，使其溶解（必要时可用微火加热）。用铁夹将圆底烧瓶固定在铁架台上，瓶口竖直安装一支球形冷凝管，并用铁夹固定其中部。冷凝管下端的进水口通过胶管与水源连接，上端的出口通过胶管倒入水槽。

（2）检查装置后，先开通冷却水，再用石棉网小火加热烧瓶，保持微沸 1h。此间若烧瓶内产生大量气泡，可在冷凝管上口滴加少量 1∶1 的 95％的酒精和 40％的 NaOH 混合溶液，以防止泡沫冲入冷凝管中。

（3）皂化反应结束后先停止加热，稍后再停通冷却水，拆除冷却水。

（4）在搅拌下趁热将反应混合液倒入盛有 150mL 饱和食盐水的烧杯中，静止冷却。

（5）安装减压过滤装置。将充分冷却后的皂化液倒入布氏漏斗中，减压过滤。用冷水洗涤沉淀两到三次，抽干。

（6）滤饼取出后，随意压制成型，自然晾干后，称质量并计算产率。

五、注意事项

（1）动物油应用新制的动物油。因为长时间放置会部分变质，生成醛、酮、酸等物质，影响皂化效果。

（2）加入乙醇是为了使动物油、碱液和乙醇互溶，成为均相溶液，便于反应进行。

（3）皂化反应过程中，应小火加热，以防温度过高，泡沫溢出。

（4）可以用长玻璃管从冷凝管上口插入烧瓶中，蘸取几滴反应液，放入盛有少量热水的试管中，振荡观察，若无油珠出现，说明已皂化完全。否则需补加碱液继续加热皂化。

（5）冷水洗涤主要是洗去吸附于肥皂表面的乙醇和碱液。

思 考 题

（1）在制备肥皂时加入乙醇是利用它的什么性质？

（2）为什么制备透明皂不用盐析而是加入甘油？

任务十八 氢氧化铁溶胶的制备及纯化

一、能力目标

（1）学会溶胶的制备方法。

（2）学会溶胶的纯化方法。

二、原理

一种或几种物质分散在另一种物质中所构成的体系称为分散体系。被分散的物质叫做分散相，在分散相周围的物质叫分散介质。

若分散相的质点以分子、原子或离子状态（粒子半径小于 10^{-9} m）分散在分散介质中，则由于分散相和分散介质大小接近，它们之间没有相界面存在，是均相体系，称为真溶液。

若分散相粒子半径大于 10^{-7} m，则形成的体系称为粗分散体系。在粗分散体系中，由于分散相粒子包含许多分子、原子或离子，各分散介质间有明显的相界面，所以是多相体系。

若分散相粒子半径介于 $10^{-9} \sim 10^{-7}$ m 范围内（是多分子聚集体），则形成的体系也是多相体系，称为胶体体系（简称溶胶）。根据分散介质聚集状态不同，可分为液溶胶、气溶胶和固溶胶三类。我们主要研究分散相为固体、分散介质为液体的液溶胶。

溶胶的制备方法分为分散法和凝聚法。分散法是用适当的方法把较大的物质颗粒变为胶体大小的质点；凝聚法是先制成难溶物的分子（或离子）的过饱和溶液，再使之相互结合成胶体粒子而得到溶胶。$Fe(OH)_3$ 溶胶的制备就是采用的化学法即通过化学反应使生成物呈饱和状态，然后粒子再结合成溶胶。

本实验是通过 $FeCl_3$ 在沸水中水解，形成 $Fe(OH)_3$ 的固相颗粒，而制得 $Fe(OH)_3$ 溶胶。其反应式为：

$$FeCl_3 + 3H_2O \longrightarrow Fe(OH)_3 + 3HCl$$

胶核表面的部分氢氧化铁再与 HCl 反应：

$$Fe(OH)_3 + HCl \longrightarrow FeOCl + 2H_2O$$

FeOCl 离解成 FeO^+ 和 Cl^- 离子，根据法杨斯规则，FeO^+ 被优先吸附在 $Fe(OH)_3$ 固体表面，形成带电颗粒。$Fe(OH)_3$ 胶体结构为：

$$\underbrace{\underbrace{\underbrace{[Fe(OH)_3]_m}_{\text{胶核}} \cdot \underbrace{nFeO^+ \cdot (n-x)Cl^-}_{\text{紧密层}}}_{\text{胶粒}} \cdot \underbrace{xCl^-}_{\text{扩散层}}}_{\text{胶团}}$$

因此典型的胶体体系是高度分散的多相分散体系。由于分散相粒子很小，比表面积很大，比表面自由能很高，因此体系处于热力学不稳定状态。它的分散相粒子力图增大，而使比表面积减小，降低体系的比表面自由能，故小粒子能够自发地聚结成大粒子，形成大粒子之后，就容易发生沉降，与分散介质分离而聚沉。但是也由于高的比表面积自由能，在一定条件下，分散相粒子也能自发地、选择性地吸附某种离子，而形成相对稳定的溶剂化双电层，保护相互碰撞的粒子不发生聚结，所以在制备溶胶时，需要加入稳定剂（通常是电解质），才能得到稳定的溶胶。然而过多的电解质或其他杂质存在，不利于溶胶的稳定，需要除去。因此，在制得溶胶后必须纯化。本实验用半透膜渗析法，渗析作用是根据胶体粒子较大，不能透过半透膜，而电解质离子则可通过半透膜的性质、达到分离电解质、获得较纯净的胶体的目的。

三、仪器和试剂

1. 仪器

电炉 1 台、锥形瓶（250mL）1 只、烧杯（250mL、800mL、100mL）各 1 个。

2. 试剂

10% $FeCl_3$（质量分数）溶液、稀 HCl 溶液、1% $AgNO_3$、火棉胶、1% KSCN 溶液。

四、操作规程

1. 溶胶的制备

在 250mL 的烧杯中加入 100mL 蒸馏水，在电炉上加热至完全沸腾。用量筒取 5mL 10% 的 $FeCl_3$ 溶液，将此 $FeCl_3$ 溶液逐滴加入上述沸水中，并不断搅拌。加完溶液后再煮沸 5min，即得棕红色的 $Fe(OH)_3$ 粗溶胶，冷却待渗析。

2. 半透膜的制作

在一个内壁洁净干燥的 250mL 锥形瓶中，加入约 10mL 的火棉胶液（它是硝酸纤维的乙醇乙醚溶液，极易燃，有气味，使用时必须远离火焰，在通风柜中操作），小心较快的转动锥形瓶，使火棉胶液黏附在锥形瓶内壁上形成均匀薄层。倒出多余的火棉胶液于回收瓶中。将锥形瓶再倒置一会，并不断旋转，让剩余的火棉胶流尽，使乙醚挥发至闻不出气味为止（此时用手轻轻接触火棉胶膜，已不粘手）。往瓶内加满蒸馏水（注意：加水过早，火棉胶会呈白色而不适用；加水过迟，火棉胶膜会变干硬而不易取出），浸泡 10min。倒出蒸馏水，在杯口处剥离火棉胶膜一小口，在火棉胶膜与瓶壁之间注入蒸馏水，使火棉胶膜脱离瓶壁。轻轻取出制成的袋状火棉胶膜，检查它是否有漏洞，若有漏洞要重做。

3. 溶胶渗析

将制得的溶胶倒入做好的火棉胶袋中，用棉线轻轻扎住袋口。将此火棉胶系在玻璃或木棒上，悬在准备好的 800mL 烧杯内的约 300mL 蒸馏水上。加热水温到 60℃ 左右，进行渗析。每半小时换一次蒸馏水，2h 后取出 1mL 渗析水，分别用 1% $AgNO_3$ 溶液和 1% KSCN 溶液检查 Cl^- 及 Fe^{3+}，如果仍存在，继续换水渗析，直到渗析液无色检查不到 Cl^-、Fe^{3+} 为止，将纯化过的 $Fe(OH)_3$ 胶体移入一清洁干燥的 100mL 小烧杯中待用。

五、注意事项

（1）在制备半透膜时，一定要使整个锥形瓶的内壁上均匀地附着一层火棉胶液，在取出半透膜时，一定要借助水的浮力将膜托出。

（2）制备 $Fe(OH)_3$ 胶体时，$FeCl_3$ 一定要逐滴加入，并不断搅拌。

（3）纯化 $Fe(OH)_3$ 胶体时，换水后要渗析一段时间再检查 Cl^- 及 Fe^{3+} 的存在。

思　考　题

（1）制备 $Fe(OH)_3$ 胶体时，为什么 $FeCl_3$ 一定要逐滴加入并不断搅拌？

（2）纯化 $Fe(OH)_3$ 胶体时，为什么换水后要渗析一段时间再检查 Cl^- 及 Fe^{3+} 的存在？

任务十九　正溴丁烷的制备

一、能力目标

（1）学会以溴化钠、浓硫酸、正丁醇制备 1-溴丁烷的方法。

（2）学会带有气体吸收装置的回流操作、蒸馏和分液漏斗使用等基本操作。

（3）能正确选用干燥剂，会液体产品提纯。

二、原理

主反应：
$$NaBr + H_2SO_4 \longrightarrow HBr + NaHSO_4$$
$$n\text{-}C_4H_9OH + HBr \longrightarrow n\text{-}C_4H_9Br + H_2O$$

副反应：
$$n\text{-}C_4H_9OH \longrightarrow CH_3CH_2CH{=}CH_2 + H_2O$$
$$2n\text{-}C_4H_9OH \longrightarrow (n\text{-}C_4H_9)_2O + H_2O$$
$$2NaBr + 3H_2SO_4 \longrightarrow Br_2 + SO_2\uparrow + 2H_2O + 2NaHSO_4$$

三、主要原料、产品和副产物的物理常数

主要原料、产品和副产物的物理常数见表 6-10。

表 6-10　主要原料、产品和副产物的物理常数

化合物	相对分子质量	相对密度	沸点/℃	化合物	相对分子质量	相对密度	沸点/℃
$n\text{-}C_4H_9OH$	74.12	0.810	118	$n\text{-}C_4H_9Br$	137.03	1.275	101.6
NaBr	102.91			$CH_3CH_2CH{=}CH_2$	56		-6.3
H_2SO_4	98.08	1.84		$C_4H_9OC_4H_9$	130		141

四、仪器和试剂

1. 仪器

150mL 圆底烧瓶，冷凝管，玻璃漏斗，蒸馏头，接液管，锥形瓶，分液漏斗。

2. 试剂

浓硫酸，正丁醇，溴化钠，饱和碳酸氢钠溶液，无水氯化钙。

五、操作规程

（1）在 150mL 圆底烧瓶中，放入 20mL 水，小心加入 29mL 浓硫酸，混匀后放冷却水中冷至室温。依次加入 15g 正丁醇（约 18.5mL，0.20mol）及 25g 研细的溴化钠（约 0.24mol）。

（2）充分摇匀后，加入几粒沸石。竖着装上回流球形冷凝管，在其上端接一吸收溴化氢气体的装置（注意：勿使漏斗全部埋入水中，以免倒吸）。

（3）在热源上用小火加热回流 1h，并经常摇动。

（4）反应完毕，稍冷后，拆去回流装置，改装成蒸馏装置。用 50mL 锥形瓶做接收器。烧瓶中再加入几粒沸石，加热蒸馏，蒸出所有的正溴丁烷。

（5）将馏出液移至分液漏斗中，加入 15mL 水洗涤。将下层粗产物分入另一干燥的分液漏斗中，用 10mL 浓硫酸洗涤。尽量分离干净硫酸层，余下的有机层自漏斗上口倒入原来已洗净的分液漏斗中。再依次用水、饱和碳酸钠溶液及水各 15mL 洗涤。

（6）将下层粗产物盛于干燥的 50mL 锥形瓶中，加入约 2g 无水氯化镁，塞紧瓶塞，干燥 0.5h 至液体澄清。

（7）干燥后的产物通过置有少量棉花的小漏斗滤入 50mL 蒸馏瓶中，加入沸石后，加热蒸馏。收集 99～103℃的馏分。产量 16.5～18g（产率 60%～65%）。

纯净正溴丁烷的沸点为 101.6℃，折射率 $n_D^{20}=1.4398$。

六、操作要点和说明

（1）加料时不要让溴化钠黏附在液面以上的烧瓶壁上，也不要一开始加热过猛，否则回流时反应混合物的颜色很快变深（橙黄或橙红色），甚至会产生少量碳渣。操作情况良好时油层仅呈浅黄色，冷凝管顶端也无溴化氢逸出。

（2）粗蒸馏时油层的黄色褪去，馏出的油滴无色，不带酸性。若油层蒸完后继续蒸馏，蒸馏瓶中的液体又逐渐变黄色。这时馏出液呈强酸性。有时蒸出的液滴也带黄色，这是由于氢溴酸被硫酸氧化而分解出溴。最后蒸馏瓶中的残液又变为无色。若仔细观

察，可以看到蒸馏瓶内残液中漂浮着一些黑色的细小渣滓，这可能是油层中原来的有色杂质分解碳化所致。

（3）当油层基本蒸完时，液温和蒸气温度很快上升，液温升到135℃以上，蒸气温度升到122℃左右。如继续蒸馏，就将蒸出共沸氢溴酸。这时接收器中的油层会悬浮在液面上或变为上液层，水层呈强酸性。因此当蒸气温度持续上升至105℃以上而馏出液增加甚慢时即可停止蒸馏。

（4）用浓硫酸洗涤粗产物时，一定要先将油层与水层彻底分开，否则浓硫酸被稀释而降低洗涤的效果。如果粗蒸馏时蒸出了氢溴酸，洗涤前又未分离尽，加入浓硫酸后油层和水层都变为橙色或橙红色。用饱和亚硫酸氢钠溶液洗涤后橙黄色的油层又变为无色。这些现象说明用浓硫酸洗涤油层发生的颜色变化是由于未分离尽的氢溴酸被硫酸氧化成游离的溴所致。

（5）用浓硫酸洗涤粗产物时，必须将浓硫酸彻底分离，因为浓硫酸能溶解存在于粗产物中的少量未反应的正丁醇及副产物正丁醚等杂质，因为在以后的蒸馏中，由于正丁醇和正溴丁烷可以形成共沸物（沸点98.6℃，含正丁醇13%）而难以除去。

思 考 题

（1）加热回流时，烧瓶中的液体有时会出现红棕色，为什么？
（2）在用碳酸氢钠溶液洗涤粗产品前，为什么要用水洗？
（3）在使用分液漏斗进行洗涤、分离操作要注意哪些问题？
（4）在本实验操作中，如何减少副反应的发生？

任务二十　正丁醚的制备

一、能力目标

（1）学会醇分子间脱水制备醚方法。
（2）能使用分水器进行操作。

二、原理：

主反应：

$$2C_4H_9OH \xrightarrow{H_2SO_4} C_4H_9-O-C_4H_9 + H_2O$$

可能的副反应：

$$2C_4H_9OH \xrightarrow{H_2SO_4} C_2H_5CH=CH_2 + H_2O$$

三、主要原料、产品和副产物的物理常数

主要原料、产品和副产物的物理常数见表6-11。

表 6-11　主要原料、产品和副产物的物理常数

名称	相对分子质量	性状	折射率	相对密度	熔点/℃	沸点/℃	溶解度/(g/100mL 溶剂)		
							水	醇	醚
正丁醇	74.1	无色液体	1.399	0.89	−89.8	118	915		
正丁醚	130.23	无色液体	1.3992	0.764	−98	142.4	<0.05		
浓 H₂SO₄	98.08	无色液体		1.84	10.35	340			
1-丁烯	56	气体		0.595	−185	−6.3			

四、试剂及实验装置

1. 试剂

正丁醇，浓硫酸，无水氯化钙，5%氢氧化钠，饱和氯化钙。

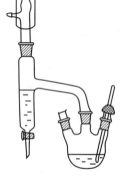

图 6-15　实验装置图

2. 实验装置

实验装置见图 6-15。

五、操作规程

1. 投料

在 100mL 三口烧瓶中，加入 15.5mL 正丁醇、2.2mL 浓硫酸和几粒沸石，摇匀后，一口装上温度计，温度计插入液面以下，另一口装上分水器，分水器的上端接回流冷凝管。先在分水器内放置 $(V-2)$mL 水。

2. 安装

电热套为热源，安装分水回流装置。

3. 加热回流、分水

小火加热至微沸，回流，进行分水。反应中产生的水经冷凝后收集在分水器的下层，上层有机相积至分水器支管时，即可返回烧瓶。大约经 1h 后，三口烧瓶中反应液温度可达 134～136℃。当分水器全部被水充满时停止反应。若继续加热，则反应液变黑并有较多副产物——烯生成。

4. 分离粗产物

将反应液冷却到室温后倒入盛有 25mL 水的分液漏斗中，充分振荡，静置后弃去下层液体。上层为粗产物。

5. 洗涤粗产物

粗产物依次用 16mL 50%硫酸分两次洗涤，再用 10mL 水洗涤，然后用无水氯化钙干燥。

6. 收集产物

将干燥好的产物移至小蒸馏瓶中，蒸馏，收集 139～142℃的馏分，$n_D^{20}=1.3992$。

六、注意事项

（1）本实验根据理论计算失水体积为 1.5mL，故分水器放满水后先放掉约 1.7mL 水。

（2）制备正丁醚的较宜温度是 130～140℃，但开始回流时，这个温度很难达到，因为正丁醚可与水形成共沸点物（沸点 94.1℃，含水 33.4%）；另外，正丁醚与水及正丁醇形成三元共沸物（沸点 90.6℃，含水 29.9%，正丁醇 34.6%），正丁醇也可与水形成共沸物（沸点 93℃，含水 44.5%），故应在 100～115℃反应半小时，之后可达到 130℃以上。

（3）在酸洗过程中，要注意安全。

（4）正丁醇可溶于 50%硫酸溶液中，而正丁醚微溶。

思 考 题

（1）如何得知反应已经比较完全？

（2）反应物冷却后为什么要倒入 25mL 水中？各步的洗涤目的何在？

（3）能否用本实验方法由乙醇和 2-丁醇制备乙基仲丁基醚？你认为用什么方法比较好？

（4）如果反应温度过高，反应时间过长，可导致什么结果？

（5）如果最后蒸馏前的粗品中含有丁醇，能否用分馏的方法将它除去？这样做好不好？

（6）为什么要先在分水器内放置 $(V-V_0)$mL 水？V_0 为反应中生成的水量？

任务二十一　环己烯的制备

一、能力目标

（1）学会环己烯的制备方法。

（2）学会分液漏斗的使用及分馏操作。

二、原理

三、仪器和试剂

1. 仪器

加热套，分馏装置，蒸馏装置。

2. 试剂

环己醇，磷酸，饱和食盐水，无水氯化钙等。

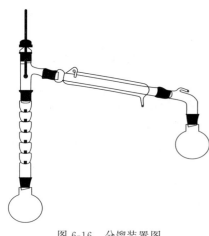

图 6-16　分馏装置图

四、操作规程

1. 装置的安装

按照图 6-16 所示安装好分馏装置。分馏装置的装配原则和蒸馏装置完全相同。在装配及操作时，更应注意勿使分馏头的支管折断。

2. 装样品

在 50mL 干燥的圆底烧瓶中，放入 10mL 环己醇及 5mL 85%磷酸，充分摇荡使两种液体混合均匀。投入几粒沸石，按图安装分馏装置。用小锥形瓶作接收器。

3. 加热

用小火慢慢加热混合物至沸腾，以较慢速度进行蒸馏并控制分馏柱顶部温度不超过 93℃。当无液体蒸出时，加大火焰，继续蒸馏。直至反应瓶中冒白烟或温度计上下波动时，表明反应已近完全，停止加热。蒸出液为环己烯和水的混浊液。

4. 精制

小锥形瓶中的粗产物，倒入分液漏斗中，将水分离出去后，加入等体积的饱和食盐水，摇匀后静置待液体分层后继续分离。油层转移到干燥的小锥形瓶中，加入少量无水氯化钙干燥之。

将干燥后的粗制环己烯倾倒在干净、干燥的鸡心瓶中，在水浴上进行蒸馏，收集 82～85℃的馏分。所用的蒸馏装置必须是干燥的。

收集的产品倒在量筒中测量体积或直接称量，以计算产率。然后产品进行色谱分析，检测产品的纯度和含量。

纯环己烯为无色透明液体，沸点 83℃，$d_4^{20}=0.8102$，$n_D^{20}=1.4465$。

五、注意事项

（1）环己醇在常温下是黏稠状液体，因而用量筒量取时应注意转移中的损失，环己烯与硫酸应充分混合，否则在加热过程中可能会局部碳化。

（2）待液体开始沸腾，蒸气进入分馏柱中时，要注意调节浴温，使蒸气环缓慢而均匀地沿分馏柱壁上升。由于反应中环己烯与水形成共沸物（沸点 70.8℃，含水 10%）；环己醇与环己烯形成共沸物（沸点 64.9℃，含环己醇 30.5%）；环己醇与水形成共沸物（沸点 97.8℃，含水 80%）。因此在加热时温度不可过高，蒸馏速度不宜太快。以减少未反应的环己醇蒸出。

（3）水层应尽可能分离完全，否则将增加无水氯化钙的用量，使产物更多地被干燥剂吸附而导致损失，这里用无水氯化钙干燥较适合，因它还可除去少量环己醇。

（4）在蒸馏已干燥的产物时，蒸馏所用仪器都应充分干燥。

思　考　题

（1）用磷酸做脱水剂比用浓硫酸做脱水剂有什么优点？

（2）如果实验产率太低，试分析主要是在哪些操作步骤中造成损失。

（3）在粗制的环己烯中，加入精盐使水层饱和的目的何在？

（4）在蒸馏终止前，出现的阵阵白雾是什么？

（5）下列醇用浓硫酸进行脱水反应的主要产物是什么？

    a. 3-甲基-1-丁醇

    b. 3-甲基-2-丁醇

    c. 3,3-二甲基-2-丁醇

任务二十二　茶叶中咖啡因的提取

一、能力目标

（1）学会从茶叶中提取咖啡因的方法。

（2）学会索氏提取器的使用方法。

（3）学会升华操作技术。

二、原理

茶叶中含有多种生物碱，其主要成分为含量 3%～5% 的咖啡碱（又称咖啡因），并含有少量互为异构体的茶碱和可可碱。他们都是杂环化合物嘌呤的衍生物，其结构式及母核嘌呤的结构式如下：

嘌呤　　　　　　咖啡因
（1,3,7-三甲基-2,6-二氧嘌呤）

茶碱　　　　　　可可碱
（1,3-二甲基-2,6-二氧嘌呤）　（3,7-二甲基-2,6-二氧嘌呤）

在医学上，咖啡因具有刺激心脏、兴奋大脑神经和利尿的作用，可作为中枢神经兴奋药，也是复方阿司匹林等药物的组分之一。此外，茶叶中还含有 11%～12% 的丹宁酸、0.6% 的色素、纤维素、蛋白质等。

含结晶水的咖啡因为无色针状结晶。易溶于水、乙醇、氯仿、丙酮；微溶于苯和乙醚。咖啡因在 100℃ 时失去结晶水并开始升华，120℃ 时升华相当显著，至 178℃ 时升华很快。无水咖啡因的熔点为 234.5℃。

为了提取茶叶中的咖啡因，本实验利用咖啡因易溶于乙醇，易升华等特点，以 95% 乙醇作溶剂，通过索氏提取器进行连续提取，然后浓缩、焙炒得到粗咖啡因。粗咖啡因还含有其他一些生物碱和杂质，可通过升华提取得到纯咖啡因。

咖啡因可通过测定熔点及光谱法加以鉴别，还可以通过其水杨酸盐进一步确证。作为弱碱性化合物，咖啡因能与水杨酸生成水杨酸盐，其熔点为 138℃。

三、仪器与试剂

1. 仪器

索氏提取器、电热套、表面皿、蒸发皿、漏斗。

2. 药品

茶叶、95％乙醇、生石灰。

四、操作规程

（1）称取 9g 茶叶末，装入滤纸套筒中，再将套筒小心地插入索氏提取器中，如图 6-17 所示。量取 80mL 95％乙醇加入烧杯中，加入几粒沸石，安装好提取装置。用电热套加热，连续提取 2～3h，此时提取液颜色已经较淡，待提取液刚刚虹吸流回烧瓶时，立即停止加热。

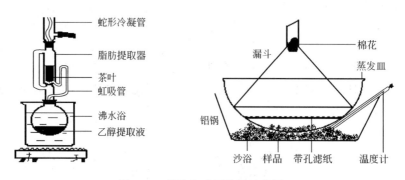

图 6-17 提取咖啡因装置示意图

（2）稍冷后，将提取装置改装成蒸馏装置，重新加入几粒沸石，进行蒸馏，蒸出大部分乙醇（要回收）。趁热将烧杯中的残液（5～10mL）倒入表面皿中，加入约 2g 研细的生石灰粉使成糊状，于蒸汽浴上将溶剂蒸干，其间要用玻璃棒不断搅拌，并压碎块状物。再将固体颗粒转移到蒸发皿中，放在电热套上小心地将固体焙炒至干（电热套温度控制在 200℃ 左右）。

（3）冷却后，擦去沾在蒸发皿边上的粉末，以免在升华时污染产物。蒸发皿上覆盖一张刺有许多小孔的滤纸，滤纸上再扣一只口径合适的玻璃漏斗，小心地加热升华（电热套温度控制在 250℃ 左右）。若漏斗上有水汽则用滤纸擦干。当滤纸上出现许多白色毛状结晶时，暂停加热，让其自然冷却至 100℃ 左右。小心取下漏斗，揭开滤纸，用刮铲将滤纸反正面和器皿周围的咖啡因晶体刮下。残渣经拌和后可再次升华。合并两次收集的咖啡因，称重并测定熔点。

五、注意事项

（1）滤纸套大小既要紧贴器壁，又能方便取放，其高度不得超过虹吸管；滤纸包茶叶末时要严紧，防止漏出堵塞虹吸管；纸套上面折成凹形，以保证回流液均匀浸润被萃取物。

（2）索氏提取器的虹吸管极易折断，安装和拆卸装置时必须特别小心。

（3）烧瓶中乙醇不可蒸得太干，否则残液很黏，转移时损失较大。

（4）生石灰起吸水和中和的作用，以除去部分酸性杂质，还作为载体以利于后面的升华操作。

（5）在萃取回流充分的情况下，升华操作是实验成功的关键。升华过程中，始终都需要控制升华的温度。如温度太高，会使产物发黄。

思 考 题

（1）索氏提取器的原理是什么？与直接用溶剂回流提取比较有何优点？

（2）茶叶中提出的咖啡因有绿色光泽，为什么？

（3）升华法提取物质有何优点和局限性？

（4）升华前加入生石灰起什么作用？

（5）为什么在升华操作中，加热温度一定要控制在被升华物熔点以下？

（6）为什么升华前要将水分除尽？

（7）试指出咖啡因分子中哪一个氮原子的碱性最大。

任务二十三　硫代硫酸钠标准滴定溶液的配制及标定

一、能力目标

（1）能配制和标定硫代硫酸钠标准滴定溶液。

（2）能正确选择指示剂并能正确判断终点。

二、原理

标定反应：

$$Cr_2O_7^{2-} + 6I^- + 14H^+ \longrightarrow 2Cr^{3+} + 3I_2 + 7H_2O$$
$$2S_2O_3^{2-} + I_2 \longrightarrow S_4O_6^{2-} + 2I^-$$

滴定反应：

$$2Cu^{2+} + 4I^- \longrightarrow 2CuI\downarrow + I_2$$

三、仪器和试剂

1. 仪器

分析天秤、碱式滴定管（50mL）、碘量瓶（250mL）、移液管、容量瓶、烧杯、试剂瓶、量筒。

2. 试剂

0.1mol/L $Na_2S_2O_3 \cdot 5H_2O$（AR）、$K_2Cr_2O_7$（基准物质）、KI（AR）、4mol/L HCl、

Na_2CO_3（AR）、淀粉指示液。

四、操作规程

1. 溶液配置

称取 26g 硫代硫酸钠（$Na_2S_2O_3 \cdot 5H_2O$）（或 16g 无水硫代硫酸钠），加 0.2g 无水碳酸钠，溶于 1000mL 水中，缓缓煮沸 10min，冷却。放置两周后过滤备用。

2. 溶液标定

准确称取于 120℃±2℃ 干燥至恒重的工作基准试剂重铬酸钾，约 1.2g 于小烧杯中，加水适量使溶解，定量转移至 250mL 容量瓶中，加水至刻度线，摇匀。用 25mL 移液管量取 $K_2Cr_2O_7$ 溶液 25mL 于碘量瓶中，各加 2g KI、蒸馏水 25mL、4mol/L HCl 溶液 5mL，密塞，摇匀，水封，在暗处放置 10min。加蒸馏水 50mL，用 0.1mol/L $Na_2S_2O_3$ 溶液滴定至近终点时，加 2mL 淀粉指示液（10g/L），继续滴定至溶液由蓝色变为亮绿色。平行滴定 3 份，同时做空白实验。

五、数据处理

硫代硫酸钠标准滴定溶液的浓度 c（$Na_2S_2O_3 \cdot 5H_2O$），数值以摩尔每升（mol/L）表示，按下式计算：

$$c(Na_2S_2O_3) = \frac{m \times 1000}{(V_1 - V_0)M}$$

式中 m——基准重铬酸钾的质量，g；

V_1——标定消耗硫代硫酸钠溶液的体积，mL；

V_0——空白实验消耗硫代硫酸钠溶液的体积，mL；

M——$\frac{1}{6}K_2Cr_2O_7$ 的摩尔质量，g/mol。数值为 49.031。

思 考 题

（1）在配制 $Na_2S_2O_3$ 标准溶液时，所用的蒸馏水为何要先煮沸并冷却后才能使用？为什么将溶液煮沸 10min？为什么常加入少量 Na_2CO_3？为什么放置两周后标定？

（2）为什么可以用 KIO_3 作基准物来标定 $Na_2S_2O_3$ 溶液？为提高准确度，滴定中应注意哪些问题？

（3）溶液被滴定至淡黄色，说明了什么？为什么在这时才可以加入淀粉指示剂？如果用 I_2 溶液滴定 $Na_2S_2O_3$ 溶液，应何时加入淀粉指示剂？

（4）在碘量法中若选用 $KBrO_3$ 作基准物时，为什么使用碘量瓶而不使用普通锥形瓶？

任务二十四 磺基水杨酸测定水中全铁含量

一、能力目标

（1）会使用分光光度计。

（2）能绘制标准曲线。

（3）会测定水中铁含量。

二、原理

在 pH＝8～11 的氨性溶液中，三价铁与磺基水杨酸生成稳定的黄色络合物，其反应式：

$$Fe^{3+} + 3SSal^{2-} \longrightarrow [Fe(SSal)_3]^{3-}$$

式中　$SSal^{2-}$——磺基水杨酸根离子，最大吸收波长 420nm，颜色强度与铁的含量成正比。

Fe^{3+} 在不同的 pH 下可以与磺基水杨酸形成不同组成和颜色的几种络合物。在 pH 1.8～2.5 的溶液中，形成红紫色的 $[Fe(SSal)]^+$；在 pH 4～8 的溶液中，形成褐色的 $[Fe(SSal)_2]^-$；在 pH 8～11.5 的氨性溶液中，形成黄色的 $[Fe(SSal)_3]^{3-}$；若 pH＞12，则不能形成络合物而生成氢氧化铁沉淀。

在氢氧化铵碱性介质中，二价铁离子同样也与磺基水杨酸生成黄色络合物。

三、仪器和试剂

1. 仪器

分光光度计、500mL 容量瓶、移液管、容量瓶、烧杯、试剂瓶、量筒。

2. 药品

20μg/mL 硫酸高铁铵标准溶液、1:1 的盐酸溶液、1:1 的氢氧化铵溶液、20% 磺基水杨酸溶液。

四、操作规程

1. 铁标准溶液配置

溶解 0.4317g 硫酸高铁铵 $[FeNH_4(SO_4)_2 \cdot 12H_2O]$ 于 10mL 的 1:1 盐酸溶液中，移入 500mL 容量瓶内，用水稀释至刻度。此溶液铁离子含量为 100μg/mL。将此溶液稀释 5 倍后，铁标准溶液的浓度为 20μg/mL。

2. 绘制标准曲线

依样品的含量取 0μg、5μg、10μg、20μg、…、500μg 铁标准溶液于 100mL 容量瓶中，加水稀释至 50mL。加入 20% 磺基水杨酸 10mL，用 1:1 氢氧化铵中和至溶液颜色由紫红色变为黄色并过量 4mL，用水稀释至刻度，摇匀。10min 后，用分光光度计（420nm 波长）进行测定。

3. 水样的测定

取 10～50mL 水样（依样品含量高低适当增减），置于 100mL 容量瓶中，加入 20% 磺基水杨酸 10mL，进行显色、测定。

五、数据处理

根据公式计算水样中铁的含量：

$$c(\text{Fe}) = m/V$$

式中 $c(\text{Fe})$——测定样品所得铁的浓度，$\mu g/mL$；

  m——由标准曲线查出的样品中铁量，μg；

  V——水样体积，mL。

六、方法讨论

1. 按上述方法测定出的结果为水样中全铁的含量。若要求分别测定水样中亚铁和高铁的含量，可按如下方法进行。高铁：取 50mL 水样置于 100mL 容量瓶中，加入 20% 磺基水杨酸溶液 10mL 和 1:1 盐酸 0.5mL 用水稀释至刻度，摇匀。10min 后用分光光度计（520nm 波长）测定。在此条件下，只有 Fe^{3+} 与磺基水杨酸络合显色，Fe^{2+} 则不显示颜色。亚铁含量将全铁含量减去高铁含量可得。

2. 如果水样中含有大量腐殖质而带有很深的颜色，则在测定以前加以破坏。为此取适量水样，加 5mL 硝酸加热煮沸蒸发，直到棕红色气体逸尽为止。冷却后用氨水中和，再按前述方法进行测定。

3. 钙、镁、铝、稀土和铍等与磺基水杨酸生成可溶性的无色络合物而消耗试剂，故必须加入足量试剂。一般加入显色剂并调节溶液 pH 8～11 之后，如溶液不出现浑浊（即无氢氧化物沉淀），就可认为已加入足量显色剂。

4. 若需测可过滤铁，应在现场采样后，用 $0.45\mu m$ 滤膜过滤水样，并立刻用盐酸酸化过滤水样至 pH 为 1，取样品 50mL 置于 100mL 容量瓶中，按前述方法进行测定。

思 考 题

（1）本实验为什么选用 500nm 波长的光测定吸光度？

（2）什么是浓度比递变法？如何用作图法计算配离子或配位化合物的组成及稳定常数？

（3）用移液管移液体时，如果液面不恰好在刻度线会给测定带来什么影响？

项目七

煤化学实训

为培养学生的动手操作能力，以及综合运用所学知识分析、解决实际问题的能力，煤化学实训部分根据化工化学实训中心现有实训条件列出了能完成的五个实训任务。所选实训任务注重实用性和实践性，一律采用现行国家标准，而且采用生产中最常用的实验方法。实训任务中增加了注意事项，实训任务完成后增加了思考题，帮助学生巩固所学内容。

任务一　空气干燥煤样水分的测定

GB/T 212—2001 规定了煤中水分的测定方法有 A 法（通氮干燥法）和 B 法（空气干燥法），其中 A 法适用于所有煤种，B 法仅适用于烟煤和无烟煤。在仲裁分析中遇到有用空气干燥煤样水分进行校正以及换算时，应用方法 A 测定空气干燥煤样的水分。本实验采用方法 B（空气干燥法）。

一、能力目标

（1）学会空气干燥煤样水分的测定方法及原理。

（2）知道空气干燥煤样的主要作用。

二、原理

称取一定量的空气干燥煤样，置于 105～110℃ 干燥箱空气流中干燥到质量恒定。然后根据煤样的质量损失计算出水分的质量分数。

三、试剂和仪器设备

（1）无水氯化钙　化学纯，粒状。

（2）变色硅胶　工业用品。

（3）鼓风干燥箱　带有自动控温装置，能保持温度在 105～110℃ 范围内。

（4）玻璃称量瓶　直径 40mm，高 25mm，并带有严密的磨口盖。

（5）干燥器　内装变色硅胶或粒状无水氯化钙。

（6）分析天平　感量 0.1mg。

四、操作规程

（1）在预先干燥并已称量过的称量瓶内称取粒度小于 0.2mm 的空气干燥煤样（1±0.1)g(称准至 0.0002g)，平摊在称量瓶中。

（2）打开称量瓶盖，将称量瓶放入预先鼓风并已加热到 105～110℃ 的干燥箱中。在一直鼓风的条件下，烟煤干燥 1h，无烟煤干燥 1～1.5h。

（3）从干燥箱中取出称量瓶，立即盖上盖，放入干燥器中冷却至室温（约 20min）后称量。

（4）进行检查性干燥，每次 30min，直到连续两次干燥煤样质量的减少不超过 0.0010g 或质量增加时为止。水分在 2.00% 以下时，不必进行检查性干燥。

五、操作记录和结果计算

1. 操作记录表

操作记录表（供参考）见表 7-1。

表 7-1 空气干燥煤样水分的测定　　　　　　年　月　日

煤样名称				
重复测定			第一次	第二次
称量瓶编号				
称量瓶质量/g				
煤样＋称量瓶质量/g				
煤样质量/g				
干燥后煤样＋称量瓶质量/g				
检查性干燥	干燥后煤样＋称量瓶质量/g	第一次		
		第二次		
		第三次		
M_{ad}/%				
平均值/%				

测定人：　　　　审定人：

2. 结果计算

空气干燥煤样水分的质量分数按下式计算：

$$M_{ad} = m_1/m \times 100\%$$

式中　M_{ad}——空气干燥煤样的水分的质量分数，%；

　　　m——空气干燥煤样的质量，g；

　　　m_1——煤样干燥后减少的质量，g。

六、水分测定的精密度

水分测定的精密度见表 7-2 规定。

对同一煤样进行两次水分重复测定，两次测值的差如不超过表 7-2 规定，则取算术平均值作为测定结果，否则需进行第三次测定。

表 7-2　煤中水分测定精密度要求

水分（M_{ad}）/%	重复性限/%
<5.00	0.20
5.00～10.00	0.30
>10.00	0.40

七、注意事项

（1）称取试样前，应将煤样充分混合。

（2）样品务必处于空气干燥状态后方可进行水分的测定。国家标准规定制备煤样时，若在室温下连续干燥 1h 后煤样质量变化 0.1g，为达到空气干燥状态。

（3）试样粒度应小于 0.2mm，干燥温度必须按要求加以控制在 105～110℃；干燥时间应为煤样达到干燥完全的最短时间。不同煤源即使同一煤种，其干燥时间也不一定相同。

（4）预先鼓风的目的在于促使干燥箱内空气流动，一方面使箱内温度均匀，另一方面使煤中水分尽快蒸发，缩短实验周期。应将装有煤样的称量瓶放入干燥箱前 3～5min 就开始鼓风。

（5）进行检查性干燥中，遇到质量增加时，采用质量增加前一次的质量为计算依据。

思　考　题

（1）干燥箱为什么要预先鼓风？

（2）为什么要进行检查性干燥？

任务二　煤中全水分的测定

煤的外在水分和内在水分之和称为煤的全水分，它代表刚开采出来或使用单位刚刚接收到，或即将投入使用状态时的煤的水分。国家标准 GB/T 211—1996 规定煤中全水分的测定共 A、B、C、D 四种方法。

方法 A（通氮干燥法）适用于各种煤；方法 B（空气干操法）适用于烟煤和无烟煤；方法 C（微波干燥法）适用于烟煤和褐煤；方法 D（包括一步和两步法）适用于外在水分高的烟煤和无烟煤。

方法 A、B、C 采用粒度小于 6mm 的煤样，煤样量不小于 500g；方法 D 采用粒度小于 13mm 的煤样，煤样量约 2kg，本实验采用方法 B（空气干燥法）测定全水分。

一、能力目标

（1）学会煤中全水分的测定操作。

（2）知道全水分测定的用途。

二、原理

称取一定量粒度小于 6mm 的煤样，在空气流中，于 105～110℃下，干燥到质量恒定，然后根据煤样的质量损失计算出全水分的含量。

三、试剂和仪器设备

（1）干燥箱　带有自动控温装置和鼓风机，并能保持温度在 105～110℃ 范围内。

（2）玻璃称量瓶　直径 70mm，高 35～40mm，并带有严密的磨口盖。

（3）分析天平　感量 0.001g。

（4）工业天平　感量 0.1g。

（5）无水氯化钙　化学纯粒状。

（6）变色硅胶　工业用品。

（7）干燥器　内装变色硅胶或粒状无水氯化钙。

四、操作前的准备工作

（1）用九点取样法从破碎到粒度小于 13mm 的煤样中取出约 2kg，全部放入破碎机中，一次破碎到粒度小于 6mm，用二分器迅速缩分出 500g 煤样，装入密封容器。

（2）测定前，首先应检查煤样容器的密封情况，然后将其表面擦拭干净，然后用工业天平称量，称准至总质量的 0.1%，并与容器标签所注明的总质量进行核对。如果称出的总质量小于标签上所注明的总质量（不超过 1%），并且能确定煤样在运送过程中没有损失，应将减少的质量作为煤样在运送过程中的水分损失量，并计算出该量对煤样的质量分数（M_1），计入煤样全水分。

（3）称取煤样之前，应将密闭容器中的煤样充分混合 1min。

五、操作规程

（1）用预先干燥并称量过（称准至 0.01g）的称量瓶迅速称取粒度小于 5mm 的煤样 10～12g（称准至 0.01g），平摊在称量瓶中。

（2）打开称量瓶盖，放入预先鼓风并已加热到 105～110℃ 的干燥箱中，在鼓风条件下，烟煤干燥 2h，无烟煤干燥 3h。

（3）从干燥箱中取出称量瓶，立即盖上盖，在空气中放置约 5min，然后放入干燥器中，冷却至室温（约 20min），称量（称准至 0.01g）。

（4）进行检查性干燥，每次 30min，直到连续两次干燥煤样质量的减少不超过 0.01g 或质量有所增加为止。在后一种情况下，应采用质量增加前一次的质量作为计算依据。水分在 2% 以下时，不必进行检查性干燥。

六、操作记录和结果计算

1. 实验记录

参考空气干燥煤样水分测定。

2. 测定结果

全水分测定结果按下式计算：

$$M_t = m_1/m \times 100\%$$

式中　M_t——煤样的全水分的质量分数，%；

　　　m——煤样的质量，g；

　　　m_1——干燥后煤样减少的质量，g。

报告值修约至小数点后一位。

如果在运送过程中煤样的水分有损失，则按下式求出补正后的全水分值。

$$M_t = M_1 + m_1/m(100 - M_1)$$

式中，M_1 是煤样运送过程中的水分损失量（%）。当 M_1 大于 1% 时，表明煤样在运送过程中可能受到意外损失，则不可补正。但测得的水分可作为实验室收到煤样的全水分。在报告结果时，应注明"未经补正水分损失"，并将煤样容器标签和密封情况一并报告。

七、测定精密度

两次重复测定中，当 $M_t < 10\%$ 时，其差值不超过 0.4%；当 $M_t \geqslant 10\%$ 时，其差值应不超过 0.5%。

八、注意事项

（1）采集的全水分试样应保存在密封良好的容器内，并放在阴凉的地方。

（2）制样操作要快，最好用密封式破碎机，以保证破碎过程中水分无明显损失。

（3）全水分样品送到实验室后应立即测定，保证从制样到测试前的全过程煤样水分无变化。

思　考　题

（1）全水分煤样可由哪些渠道采集？

（2）全水分测定前需做哪些准备工作？

任务三　煤的灰分产率的测定

煤的灰分产率是煤在规定条件下完全燃烧后的残留物，是煤中矿物质的衍生物。可以用灰分估算煤中矿物质含量。

国家标准 GB/T 212—2001 规定，煤的灰分测定包括缓慢灰化法和快速灰化法两种方法。其中缓慢灰化法为仲裁法，快速灰化法为例行分析方法。

本实验采用快速灰化法测定煤的灰分。

一、能力目标

（1）学会煤的灰分产率的测定原理和测定操作方法。

（2）知道煤的灰分与煤中矿物质的关系。

二、原理

将装有煤样的灰皿放在预先加热至（815±10)℃的灰分快速测定仪的传送带上，煤样自动送入仪器内完全灰化，然后送出。以残留物占煤样的质量分数作为煤样的灰分。

三、试剂和仪器设备

1. 快速灰分测定仪

快速灰分测定仪是一种比较适宜的快速灰分测定仪。它是由马蹄形管式电炉、传送带和控制仪三部分组成。

（1）马蹄形管式电炉　炉膛长约700mm，底宽约75mm，高约45mm，两端敞口，轴向倾斜度为5°左右。其恒温带要求：（815±10)℃。

（2）链式自动传送装置（简称传送带）　用耐高温金属制成，传送速度可调。在1000℃下不变形，不掉皮。

（3）控制仪　主要包括温度控制装置和传送带传送速度控制装置。温度控制装置能将炉温自动控制在（815±10)℃；传送带传送速度控制装置能将传送速度控制在15～50mm/min之间。

2. 灰皿

瓷质，长方形，底长45mm，底宽22mm，高14mm。

3. 干燥器

内装变色硅胶或粒状无水氧化钙。

4. 分析天平

感量0.0001g。

5. 耐热瓷板或石棉板

四、操作规程

（1）将快速灰分测定仪预先加热至（815±10)℃，开动传送带并将其传送速度调节至17mm/min左右或其他合适的速度。

（2）在预先灼烧至质量恒定的灰皿中，称取粒度小于0.2mm的空气干燥煤样（0.5±0.01)g（称准至0.0002g），均匀摊平在灰皿中，使其每平方厘米的质量不超过0.08g。

（3）将盛有煤样的灰皿放在快速灰分测定仪的传送带上，灰皿即自动送入炉中。

（4）当灰皿从炉内送出时，取下，放在耐热瓷板或石棉板上，在空气中冷却 5min 左右，移入干燥器中冷却至室温（约 20min）后称量。

五、操作记录和结果计算

1. 操作记录表

操作记录表（供参考）见表 7-3。

表 7-3　煤中灰分测定　　　　　年　　月　　日

煤样名称		
重复测定	第一次	第二次
灰皿编号		
灰皿质量/g		
煤样＋灰皿质量/g		
煤样质量/g		
灼烧后残渣＋灰皿质量/g		
残渣质量/g		
A_{ad}/%		
平均值/%		

测定人：　　　　　　审定人：

2. 结果计算

空气干燥煤样的灰分的质量分数按下式计算：

$$A_{ad} = m_1/m \times 100\%$$

式中　A_{ad}——空气干燥煤样的灰分的质量分数，%；

　　　m——称取的空气干燥煤样的质量，g；

　　　m_1——灼烧后残留物的质量，g。

六、测定精密度

煤中灰分测定精密度见表 7-4 规定。

表 7-4　煤中灰分测定精密度要求

灰分/%	重复性限(A_{ad})/%	再现性临界差(A_d)/%
<15.00	0.20	0.30
15.00～30.00	0.30	0.50
>30.00	0.50	0.70

七、注意事项

（1）凡能达到以下要求的其他形式的快速灰分测定仪均可使用。

a. 高温炉能加热至（815±10）℃并具有足够长的恒温带。

b. 炉内有足够的空气供煤样燃烧。

c. 煤样在炉内有足够长的停留时间，以保证灰化完全。

d. 能避免或最大限度地减少煤中硫氧化生成的硫氧化物与碳酸盐分解生成的氧化钙接触。

（2）煤样在灰皿中要铺平，以避免局部过厚，使燃烧不完全。

（3）灰化过程中始终保持良好的通风状态，使硫氧化物一经生成就及时排出。因此马蹄形管式电炉两端敞口，保证炉内空气自然流通。

（4）管式炉快速灰化法可有效避免煤中硫固定在煤灰中。因使用轴向倾斜度为5°的马蹄形管式炉，炉中央段温度为（815±10）℃，两端有500℃温度区，煤样从高的一端进入500℃温度区时，煤中硫氧化的生成物由高端（入口端）逸出，不会与到达（815±10）℃区的煤样中的碳酸钙分解生成的氧化钙接触，从而可有效避免煤中硫被固定在煤灰中。

（5）对于新的快速灰分测定仪，应对不同煤种进行与缓慢灰化法的对比实验，根据对比实验的结果及煤的灰化情况，调节传送带的传送速度。

思 考 题

（1）采用马蹄形管式炉快速灰化法为什么能有效避免煤中硫固定在煤灰中？

（2）快速灰化法中的高温炉有哪些要求？

任务四　煤的挥发分产率的测定

工业分析中测定的挥发分不是煤中固有的挥发性物质，而是煤在严格规定条件下加热时的热分解产物。利用煤的挥发分产率和焦渣特性能初步判断煤的加工利用途径，根据挥发分产率还可大致判断煤的煤化程度。挥发分的测定是一个规范性很强的实训项目，本实训采用 GB/T 212—2001 测定煤的挥发分产率。

一、能力目标

（1）学会煤的挥发分产率的测定方法。

（2）学会运用挥发分产率判断煤的煤化程度，能初步确定煤的加工利用途径。

二、原理

称取一定量的空气干燥煤样放入坩埚中，在（900±10）℃下，隔绝空气加热 7min。以减少的质量占煤样质量的百分数，减去该煤样的水分含量作为煤样的挥发分。

三、试剂和仪器设备

1. 挥发分坩埚

带有配合严密盖的瓷坩埚。坩埚总质量为 15～20g。

2. 马弗炉

带有高温计和调温装置，能保持温度在（900±10）℃，并有足够的（900±5）℃的恒温区。炉子的热容量为，当起始温度为 920℃ 时，放入室温下的坩埚架和若干坩埚，关闭炉门，在 3min 内恢复到 （900±10）℃。炉后壁有一个排气孔和一个插热电偶的小孔。小孔位置应使热电偶插入炉内后其热接点在坩埚底和炉底之间，距炉底 20～30mm 处。马弗炉的恒温区应在关闭炉门下测定，并至少每年测定一次，高温计（包括毫伏计和热电偶）至少每年校准一次。

3. 坩埚架

用镍铬丝或其他耐热金属丝制成。其规格尺寸以能使所有的坩埚都在马弗炉恒温区内，并且坩埚底部紧邻热电偶接点上方。

4. 坩埚架或夹

5. 干燥器

内装变色硅胶或粒状无水氯化钙。

6. 分析天平

感量 0.0001g。

7. 压饼机

螺旋式或杠杆式压饼机，能压制直径约 10mm 的煤饼。

8. 秒表

四、操作规程

（1）在预先 900℃ 温度下灼烧至质量恒定的带盖瓷坩埚中，称取粒度小于 0.2mm 的空气干燥煤样 （1±0.01)g（称准至 0.0002g），然后轻轻振动坩埚，使煤样摊平，盖上盖，放在坩埚架上。褐煤和长焰煤应预先压饼，并切成约 3mm 的小块。

（2）将马弗炉预先加热至 920℃ 左右。打开炉门，迅速将放有坩埚的架子送入恒温区，立即关上炉门并计时，准确加热 7min，坩埚及架子放入后，要求炉温在 3min 内恢复至 （900±10）℃，此后保持在 （900±10）℃，否则此次实验作废。加热时间包括温度恢复时间在内。

（3）从炉中取出坩埚，放在空气中冷却 5min 左右，移入干燥器中冷却至室温（约 20min）后称量。

五、操作记录和结果计算

1. 操作记录表

操作记录表（供参考）见表 7-5。

表 7-5　煤的挥发分产率测定　　　　　　　年　月　日

煤样名称		
重复测定	第一次	第二次
坩埚编号		
坩埚质量/g		
煤样＋坩埚质量/g		

煤样名称		
重复测定	第一次	第二次
煤样质量/g		
焦渣＋坩埚质量/g		
煤样加热后减轻的质量/g		
$M_{ad}/\%$		
$V_{ad}/\%$		
平均值/%		

测定人：　　　　审定人：

2. 结果计算

空气干燥煤样的挥发分的质量分数按下式计算：

$$V_{ad} = m_1/m \times 100 - M_{ad}$$

式中　V_{ad}——空气干燥煤样的挥发分的质量分数，%；

　　　m——空气干燥煤样的质量，g；

　　　m_1——煤样加热后减少的质量，g；

　　　M_{ad}——空气干燥煤样的水分的质量分数，%。

六、测定精密度

挥发分测定精密度见表 7-6 规定。

表 7-6　煤的挥发分测定精密度要求

挥发分/%	重复性限（V_{daf}）/%	再现性临界差（V_d）/%
<20.00	0.30	0.50
20.00～40.00	0.50	1.00
>40.00	0.80	1.50

七、固定碳的计算

煤的固定碳含量不直接测定，一般是根据测定的灰分、水分、挥发分，用差减法求得。

$$w_{ad}(FC) = 100 - (M_{ad} + A_{ad} + V_{ad})$$

式中　$w_{ad}(FC)$——空气干燥煤样的固定碳的质量分数，%；

　　　M_{ad}——空气干燥煤样的水分的质量分数，%；

　　　A_{ad}——空气干燥煤样的灰分的质量分数，%；

　　　V_{ad}——空气干燥煤样的挥发分的质量分数，%。

八、注意事项

（1）测定低煤化程度煤如褐煤、长焰煤时必须压饼。这是由于它们的水分和挥发分很高，如以松散状态测定，挥发分大量释出，易把坩埚盖顶开带走碳粒，使结果偏高，且重复性较差。压饼后试样紧密，可减缓挥发分的释放速率，有效防止煤样爆燃、喷溅，使测定结果稳定可靠。

（2）挥发分产率的测定是一项规范性很强的实验，其测定结果受测定条件的影响很大，须严格掌握以下操作。

a. 定期对热电偶及毫伏计进行校正。校正和使用热电偶时，其冷端应放入冰水或将零点调到室温，或采用冷端补偿器。

b. 定期测量马弗炉的恒温区，装有煤样的坩埚必须放在马弗炉的恒温区内。

c. 马弗炉应经常验证其温度恢复速度能否符合要求，或应手动控制以保证符合要求。

d. 每次实验最好放同样数目的坩埚，以保证坩埚及支架的热容量基本一致。

e. 要使用符合规定的坩埚，坩埚盖子必须配合严密。

f. 要用耐热金属做的坩埚架，它受热时不能掉皮（若沾在坩埚上影响测定结果）。

g. 坩埚从马弗炉中取出后，在空气中冷却时间不宜过长，以防焦渣吸水。

思　考　题

（1）煤的挥发分指标为什么不能称为挥发分含量？

（2）固定碳与煤中碳元素含量有何区别？

（3）测定低煤化程度煤的挥发分产率时，为什么要压饼？

任务五　煤的发热量测定

一、能力目标

（1）学会煤的发热量测定原理及恒温式热量计测定煤发热量的方法。

（2）学会热量计的安装与使用方法。

（3）能对热容量及仪器常数标定。

二、原理

将一定质量的空气干燥煤样放入特制的氧弹（耐热、耐压、耐腐蚀的镍铬或镍铬钼合金钢制成）中，向氧弹中充入过量的氧气，将氧弹放入已知热容量的盛水内筒中，再将内筒置入盛满水的外筒中。利用电流加热弹筒内的金属丝使煤样引燃，煤样在过量的氧气中完全燃烧，其产物为 CO_2、H_2O、灰以及燃烧后被水吸收形成的 H_2SO_4 和 HNO_3 等。燃烧产生的热量被内筒中的水吸收，通过测量内筒温度升高数值，并经过一系列的温度校正后，就可以计算出单位质量的煤完全燃烧所产生的热量。即弹筒发热量 $Q_{b,ad}$，弹筒发热量是指单位质量的试样在充有过量氧气的氧弹内燃烧，其燃烧产物组成为氧气、氮气、二氧化碳、硝酸和硫酸、液态水以及固态灰时放出的热量。弹筒发热量是在恒定容积下测定的，属于恒容发热量。

三、仪器设备

1. 恒温式热量计

（1）氧弹由耐热、耐腐蚀的镍铬或镍铬钢合金钢制成，需要具备三个主要性能：

① 不受燃烧过程中出现的高温和腐蚀性产物的影响而产生热效应；

② 能承受充氧压力和燃烧过程中产生的瞬时高压；

③ 实验过程中能保持完全气密。

（2）内筒用紫铜、黄铜或不锈钢制成。筒内装水 2000～3000mL，以能浸没氧弹（进、出气阀和电极除外）为准。内筒外面应电镀抛光，以减少与外筒间的辐射作用。

（3）外筒为金属制成的双壁容器，并有上盖。外筒底部设有绝缘支架，以便放置内筒。恒温式热量计配置恒温式外筒。盛满水的外筒的热容量应不小于热量计热容量的 5 倍，以保持实验过程中外筒温度基本恒定。外筒外面可加绝缘保护层，以减少室温波动对实验的影响。用于外筒的温度计应有 0.1K 的最小分度值。

（4）搅拌器为螺旋桨式，转速 400～600r/min 为宜。搅拌效率应能使热容量标定中由点火到终点的时间不超过 10min，同时又要避免产生过多的搅拌热（当内、外筒温度和室温一致时，连续搅拌 10min 所产生的热量不应超过 120J）。

（5）量热温度计

① 玻璃水银温度计。常用的玻璃水银温度计有两种：一种是固定测温范围的精密温度计，一种是可变测温范围的贝克曼温度计。两者的最小分度值应为 0.01K。使用时应根据检定证书中的修正值做必要的校正。两种温度计都应进行刻度修正（贝克曼温度计称为孔径修正）。另外，贝克曼温度计还要进行"平均分度值"的修正。

② 数字显示温度计。需经过计量机关的检定，证明其分辨率为 0.001K，测温准确度至少达到 0.002K（经过校正后），以保证测温的准确性。

2. 附属设备

（1）温度计读数放大镜和照明灯　为了使温度计读数能估计到 0.001K，需要一个大约 5 倍的放大镜，通常放大镜装在一个镜筒中，筒的后部装有照明灯，用以照明温度计的刻度。镜筒借适当装置可沿垂直方向上、下移动，以便跟踪观察温度计中水银柱的位置。

（2）振荡器　电动振荡器用以在读取温度前振动温度计，以克服水银柱和毛细管之间的附着力。如无此装置，可用套有橡胶管的细玻璃棒等敲击温度计。

（3）燃烧皿　以铂制品最理想。一般可用镍铬钢制品。规格可采用高 17～18mm，底部直径 19～20mm，上部直径 25～26mm，厚 0.5mm。其他合金钢或石英制的燃烧皿也可使用。但以能保证试样燃烧完全而本身又不受腐蚀和产生热效应为原则。

（4）压力表和氧气导管　压力表应由两个表头组成，一个指示氧气瓶中的压力。另一个指示充氧时氧弹内的压力。表头上应装有减压阀和保险阀。压力表每年应经计量机关至少检定一次，以保证指示正确和操作安全。

压力表通过内径 1～2mm 的无缝钢管与氧弹连接，以便导入氧气。

压力表和各连接部分禁止与油脂接触或使用润滑油。如不慎沾污，必须依次用苯和酒精清洗，并待风干后再用。

（5）点火装置　点火采用 12～24V 的电源。可由 220V 交流电源经变压器供给。线路中应串接一个调节电压的变阻器和一个指示点火情况的指示灯或电流计。

（6）压饼机　螺旋式或杠杆式压饼机，能压制直径 10mm 的煤饼或苯甲酸饼。模具及压杆应用硬质钢制成，表面光洁，易于擦拭。

（7）秒表

3. 天平

（1）分析天平　感量 0.1mg。

（2）工业天平　载量 4～5kg，感量 1g。

四、试剂和材料

（1）氧气　99.5％纯度，不含可燃成分，不允许使用电解氧。

（2）氢氧化钠标准溶液　浓度为 0.1mol/L。

（3）甲基红指示剂　浓度为 2g/L。

（4）苯甲酸　经计量机关检定并标明热值的苯甲酸。

（5）点火丝　直径 0.1mm 左右的铂、铜、镍丝或其他已知热值的金属丝，如使用棉线，则应选用粗细均匀，不涂蜡的白棉绒。各种点火丝放出的热量如下。

铁丝：6700J/g；镍铬丝：6000J/g；钢丝：2500J/g；棉线：17500J/g。

（6）酸洗石棉绒　使用前在 800℃下灼烧 30min。

（7）擦镜纸　使用前先测出其燃烧热。

五、操作规程

1. 恒温式热量计法

（1）按使用说明书安装调节热量计。

（2）在燃烧皿中精确称取粒度小于 0.2mm 的空气干燥煤样 0.9～1.1g（称准至 0.0002g）。

对于燃烧时易飞溅的试样，可先用已知质量和热值的擦镜纸包紧再进行测试，或先在压饼机上压饼并切成 2～4mm 的小块使用。对于不易完全燃烧的试样，可先在燃烧皿底部铺一个石棉垫，或用石棉绒做衬垫（先在燃烧皿底部铺一层石棉绒，并用手压实以防煤样掺入）。如加衬垫后仍燃烧不完全，可提高充氧压力至 3.2MPa，或用已知质量和热值的擦镜纸包裹称好的试样并用手压紧，然后放入燃烧皿中。

（3）取一段已知质量的点火丝，把两端分别接在氧弹的两个电极柱上，点火丝和电极柱必须接触良好。再把盛有试样的燃烧皿放在支架上，调节点火丝使之下垂至刚好与试样接触。对于易飞溅或易燃的煤，点火丝应与试样保持微小的距离。特别要注意，不能使点火丝接触燃烧皿，以免发生短路导致点火失败，甚至烧毁燃烧皿。同时还应防止两电极之间以及燃烧皿与另一电极之间的短路。当用棉线点火时，把棉线的一端固定在已连接到两电极柱上的点火丝上（最好夹紧在点火丝的螺旋中），另一端搭接在试样上，根据试样点火的难易，调节搭接的程度。对于易飞溅的煤样，应保持微小的距离。

往氧弹中加入 10mL 蒸馏水，小心拧紧氧弹，注意避免因震动而改变燃烧皿和点火丝的位置。接通氧气导管，往氧弹中缓缓充入氧气（速率太快，容易使煤样溅出燃烧皿），直到压力达到 2.8～3.0MPa，且充氧时间不得小于 15s，如果充氧压力超过 3.3MPa，应停止实验，放掉氧气后，重新充氧至 3.2MPa 以下。当钢瓶中氧气的压力降到 5.0MPa 以下时，充氧时间应酌量延长，当钢瓶中氧气压力低于 4.0MPa 时，应更换新的钢瓶氧气。

（4）往内筒中加入足够的蒸馏水，使氧弹盖的顶面（不包括突出的氧气阀和电极）淹没在水面以下 10～20mm。每次实验时水量应与标定热容量时一致（相差不超过 1g）。

水量最好用称量法测定。如用容量法测定，需对温度变化进行补正。还要适当调节内筒水温，到达终点时内筒比外筒高 1K 左右，到达终点时内筒温度明显下降。外筒温度应尽量接近室温，相差不得超过 1.5K。

（5）把氧弹放入装好水的内筒中，如果氧弹内无气泡冒出，表明气密性良好，即可把内筒放在外筒的绝缘架上；如果氧弹内有气泡冒出，则表明有漏气处，此时应找出原因，加以纠正并重新充氧。然后接上点火电极插头，装上搅拌器和量热温度计，并盖上外筒筒盖。温度计的水银球对准氧弹主体的中部，温度计和搅拌器不能接触氧弹和内筒。靠近量热温度计的露出水银柱的部位，应另悬一支普通温度计，用来测定露出柱的温度。

（6）开动搅拌器，5min 后开始计时，同时读取内筒温度并立即通电点火，随后记录外筒温度（t_1）和露出柱温度（t_e）。外筒温度至少读到 0.05K（精度），借助放大镜将内筒温度读到 0.001K。读取温度时，视线、放大镜中线和水银柱顶端应位于同一水平，以避免视觉对读数的影响。每次读数前，应开动振荡器振动 3～5s。

（7）观察内筒温度（注意：点火后 20s 内不要把身体的任何部位伸到热量计上方）。点火后，如果在 30s 内温度急剧上升，则表明点火成功。点火后 1min40s 时读取一次内筒温度，读准到 0.01K 即可。

（8）一般点火后 7～8min，测热过程就将接近终点，接近终点时，开始按 1min 间隔读取内筒温度。读温度前开动振荡器，读准到 0.001K。以第一个下降温度作为终点温度（t_n）。实验主要阶段至此结束。

（9）停止搅拌，取出内筒和氧弹，开启放气阀，放出燃烧废气，打开氧弹仔细观察弹筒和燃烧皿内部，如果有试样燃烧不完全的迹象（如试样有飞溅）或有炭黑存在，实验作废。

量出未烧完的点火丝长度，以便计算点火丝的实际消耗量。

用蒸馏水充分冲洗氧弹内各部分、放气阀、燃烧皿内外和燃烧残渣。把全部洗液（共约 100mL）收集在一个烧杯中供测硫使用。

2. 绝热式热量计法

（1）按使用说明书安装和调节热量计。

（2）按照与恒温式热量计法相同的步骤准备试样。

（3）按照与恒温式热量计法相同的步骤准备氧弹。

（4）按照与恒温式热量计法相同的步骤称取内筒所需的水量。调节内筒水温时使其尽量接近室温，相差不要超过 5K，稍低于室温最理想。内筒温度太低，易使水蒸气凝结在内筒的外壁；温度过高，易造成内筒水蒸发过多。这都将给测量值带来误差。

（5）按照与恒温式热量计相同的步骤安放内筒和氧弹及装置搅拌器和温度计。

（6）开动搅拌器和外筒循环水泵，打开外筒冷却水和加热器开关。当内筒温度趋于稳定后，调节冷却水流速，使外筒加热器每分钟自动接通 3～5 次（由电流计或指示灯观察）。如果自动控温电路采用可控硅代替继电器，则冷却水的调节应以加热器中有微弱电流为准。调好冷却水后，开始读取内筒温度，借助放大镜读到 0.001K 时，每次读数前，开动振荡器 3～5s。当以 1min 为间隔连续 3 次温度读数极差不超过 0.001K 时，即可通电点火，此时的温度即为点火温度 t_0。如果点不着火，可调节电桥平衡钮，直到内筒温度达到平衡后再行点火。

点火后 6～7min，再以 1min 及间隔读取内筒温度，直到三次读数相差不超过 0.001K 为止。取最高的一次读数作为终点温度 t_0。

（7）关闭搅拌器和加热器（循环水泵继续开动），然后按照恒温式热量计法的步骤结束实验。

3. 自动氧弹热量计法

（1）按照仪器说明书安装、调节热量计。

（2）按照与恒温式热量计法相同的步骤准备试样。

（3）按照与恒温式热量计法相同的步骤准备氧弹。

（4）按仪器操作说明书进行其余步骤的试样，然后按恒温式热量计法相同的步骤结束实验。

（5）实验结果被打印后，校对输入的参数，确定无误后报出结果。

六、操作记录和结果计算

1. 操作记录表

操作记录见表 7-7。

表 7-7　煤的发热量测定　　　　　　　年　　　月　　　日

煤样编号		热容量 E		t_0/℃		M_{ab}/%	
煤样质量/g		常数 K		$t_{1min40s}$/℃		A_{ab}/%	
露出柱温度/℃		常数 A		t_n/℃		$Q_{b,ab}$/(J/g)	
基点温度/℃		帕提尔系数 n		$W_{ab}(S_b)$		$Q_{gr,ab}$/(J/g)	
点火时外筒温度/℃		NaOH 标准浓度/(mol/L)		NaOH 溶液耗量/mL			
时间/min	内筒温度/℃	时间/min	内筒温度/℃	时间/min	内筒温度/℃	时间/min	内筒温度/℃
0		3		6		9	
1min40s		4		7		10	
2		5		8		11	

2. 结果计算

校正及计算见有关章节。

七、精密度

发热量测定的精密度：发热量测定的精密度要求如表 7-8 所示。

表 7-8　发热量测定的精密度要求

项目	重复性	再现性
高位发热量 $Q_{gr,M}$ （折算到同一水分基）/(J/g)	120J/g(36cal/g)	300J/g(72cal/g)

注：1cal＝4.1868J。

八、注意事项

（1）实验室应设在一单独房间，不得在同一房间内同时进行其他实验项目。室温尽量保持恒定，每次测定室温变化不应超过 1℃，室温以 15～35℃ 范围为宜。实验过程中应避免开启门窗。

（2）发热量测定中所用的氧弹必须经过耐压（大于等于 20MPa）实验，并且充氧后保持完全气密。

（3）氧气瓶口不得沾有油污及其他易燃物，氧气瓶附近不得有明火。

思　考　题

（1）为什么要在氧弹内加 10mL 蒸馏水？

（2）为什么要检验氧弹的气密性？

（3）为什么要标定仪器的热容量？

（4）为什么要限定搅拌器的转速？

化学分析检验工（中级）技能鉴定

任务一　熟悉化学分析检验工（中级）理论知识样题

注意事项：

   1. 考试时间：**120min**。

   2. 请首先按要求在试卷的标封处填写您的姓名、准考证号和所在单位的名称。

   3. 请仔细阅读各种题目的回答要求，在规定的位置填写您的答案。

   4. 不要在试卷上乱写乱画，不要在标封区填写无关的内容。

	一	二	总　分	阅卷人
得　分				

得　分	
评分人	

一、单项选择（第 **1** 题～第 **70** 题。选择一个正确的答案，将相应的字母填入题内的括号中。每题 **1** 分，满分 **70** 分。）

1. 各行各业的职业道德规范（　　　）。

   A. 完全相同　　B. 有各自的特点　　C. 适用于所有的行业　　D. 适用于服务性行业

2. 社会主义市场经济是一种竞争经济，因此人们应该进行（　　　）。

   A. 不择手段，损人利己的竞争　　B. 诚信为本，公平、公开、合理的竞争

   C. "和为贵"的竞争　　　　　　　D. 行业垄断的竞争

3. 下面有关文明礼貌与企业形象的关系中错误的是（　　　）。

   A. 文明礼貌是企业形象的重要内容

   B. 文明礼貌只是个人的事情与企业形象无关

   C. 职工个人形象对企业整体形象有影响

   D. 做一个文明职工有利于企业发展

4. 下面论述中不是爱岗敬业的具体要求的是（　　）。

    A. 树立职业理想　　B. 强化职业责任　　C. 增加个人收入　　D. 提高职业技能

5. 下面有关诚实守信的论述中错误的是（　　）。

    A. 诚实守信是市场经济法则　　B. 诚实守信是企业的无形资本

    C. 诚实守信是对树立企业形象至关重要

    D. 诚实守信是古老的伦理道德规范，与现代企业发展无关

6. 在下列有机化合物的定义中，（　　）的说法是不正确的。

    A. 醇、酚、醚都是有机化合物　　　　　B. 羰基类化合物是有机化合物

    C. 碳酸盐、碳酸氢盐是有机化合物　　D. 碳的金属化合物一定不是有机化合物

7. 在对有机化合物易燃性质的叙述中，（　　）说法是不正确的。

    A. 多数有机化合物有易燃烧的特性

    B. 将有机化合物置于坩埚盖上加热时，若用强火加热，则有机化合物燃烧后，一定
       会生成二氧化碳而不留残渣

    C. 有机多卤化物不易燃烧

    D. 将有机化合物置于坩埚盖上加热时，若用小火加热，多出现炭化变黑的现象

8. 对丙酸（沸点为141℃）和乙酰氯（沸点为51℃）沸点差的解释中正确的是（　　）。

    A. 由于丙酸中的分子含有羟基，具有缔合作用，而乙酰氯分子中没有缔合作用，因
       此在沸点上表现出明显差异

    B. 由于丙酸的摩尔质量比乙酰氯的摩尔质量小，因此在沸点上表现出明显差异

    C. 由于丙酸是线性分子，而乙酰氯为网状分子，因此在沸点上表现出明显差异

    D. 由于丙酸是极性分子，而乙酰氯是非极性分子，因此在沸点上表现出明显差异

9. 下列说法中正确的是（　　）。

    A. 由于醇中含有亲水性基团羟基，因此醇可以任意比例与水混合

    B. 由于甲醇中含有1个碳和1个羟基，因此甲醇可以任意比例与水混合

    C. 由于硝基为亲水性基团，因此三硝基苯可以任意比例与水混合

    D. 由于胺基为亲水性基团，因此苯胺可以任意比例与水混合

10. 在对烯烃类结构特点的叙述中（　　）是正确的。

    A. 含有碳-碳双键的化合物一定是烯烃　　B. 在烯烃分子中一定含有碳-碳双键

    C. 烯烃类化合物不如烷烃类化合物稳定　　D. 环烷烃与烯烃的通式相同

11. 用系统命名法命名时 $CH_3CHCH_2CH_2CCH_3$ （上方支链 CH_3，下方支链 CH_2CH_3 和 CH_3）化合物应叫（　　）。

    A. 无法命名　　B. 2,2,5-三甲基己烷　　C. 2,5,5-三甲基己烷　　D. 2,2,5-三甲基庚烷

12. 下列对烯烃的物理性质的叙述中说法不正确的是（　　）。

    A. 含2~4个碳原子的烯烃为气体　　　　B. 含5~15个碳原子的烯烃为液体

    C. 含18个以上碳原子的烯烃为蜡状固体　　D. 含4~8个碳原子的烯烃为液体

13. 在下列化合物中不属于醇的化合物是（　　）。

    A. CH_2OHCH_2OH　　　　B. CH_3CH_2COOH　　　　C. CH_3CH_2OH　　　　D. $C_6H_5CH_2OH$

14. 下列化合物中属于仲醇的是（　　　　）。

A. CH_3CH_2COOH　　　　B. C_6H_5OH　　　　C. CH_3CH_2OH　　　　D. $(CH_3)_2CHOH$

15. 按系统命名法称下列化合物，不正确的是（　　　　）。

A. CH_3OH 可称为甲醇　　　　　　　　　　B. CH_3CH_2OH 可称为乙醇

C. $CH_3CCH_3(OH)CH_3$ 可称为异丙醇　　　　D. $CH_3CH_2CH_2OH$ 可称为正丙醇

16. 下列对一元醇物理性质的叙述中正确的是（　　　　）。

A. C_{15} 以上的饱和一元醇为无臭无味的蜡状固体

B. $C_1 \sim C_{14}$ 的饱和一元醇均为液体

C. 直链一元饱和醇中含 C_4 以下碳的醇具有酒精气味

D. 由于羟基是亲水性基团，因此含五个以下碳的饱和一元醇，均溶于水

17. 下列对一元醇物理性质的叙述中正确的是（　　　　）。

A. C_{18} 以上的饱和一元为无臭无味的蜡状固体

B. 含 C_4 以下的一元饱和醇或 C_4 的支链醇均溶于水

C. $C_1 \sim C_{15}$ 的饱和一元醇均为液体

D. 直链一元饱和醇中含 C_8 以下碳的醇具有酒精气味

18. 在叙述一元饱和醇与氢卤酸的反应中正确的是（　　　　）。

A. 叔醇不能与氯化氢反应

B. 在醇与氯化氢反应时，不需要任何催化剂

C. 在醇与氯化氢反应时，需要用无水氯化锌作催化剂

D. 在醇与氯化氢反应时，需要用氧化锌作催化剂

19. 在下列反应中不属于一元饱和醇与含氧无机酸的反应是（　　　　）。

A. $ROH + HNO_3 \longrightarrow RONO_2 + H_2O$　　　　B. $ROH + H_2SO_4 \longrightarrow ROSO_3OH + H_2O$

C. $ROH + HAc \longrightarrow CH_3COOR + H_2O$　　　　D. $ROH + H_3PO_4 \longrightarrow ROPO(OH)_2 + H_2O$

20. 下列化合物中属于醛酮类的是（　　　　）。

A. $RCONH_2$　　　　B. CH_3COCH_3　　　　C. $RCOCl$　　　　D. $RCH(OH)CH_3$

21. 从 $CH_2ClCOOH$ 的结构上分析，其酸性比乙酸（　　　　）。

A. 强　　　　　B. 弱　　　　　C. 相似　　　　　D. 无法确定

22. $CH_2{=}CHCOOH$ 属于（　　　　）。

A. 一元饱和羧酸　　　　　　B. 一元不饱和羧酸

C. 一元饱和脂肪酸　　　　　D. 一元不饱和脂肪酸

23. 用系统命名法命名时，化合物 $CH_3CH_2C(CH_3){=}CHCOOH$ 应称为（　　　　）。

A. 3-甲基-2-戊烯酸　　　　　　　　B. 2-甲基-1-羧基丁烯

C. 2-甲基-2-乙基-1-羧基乙烯　　　　D. 3-甲基-3-乙基丙烯酸

24. 在举出的化学性质中，不属于利用羧酸化学性质的是（　　　　）。

A. 酸化、酯化、脱羧　　　　　　　　B. 蒸馏、酰化、成酐

C. 控制酸度、合成酰胺、制备酸酐　　D. 制卤代酸、制羧酸酯、制酰胺

25. 在列举的化合物中属于酸酐的是（　　　　）。

A. $CH_3CH_2COOOCH_3$　　　　　　B. $CH_3CH_2COOCH_3$

C. $C_6H_5COOOOCC_6H_5$　　　　　　D. $C_6H_5COCH_3$

26. $(CH_3)_2CHNH_2$ 属于（　　）。

    A. 伯胺　　　　　B. 仲胺　　　　　C. 叔胺　　　　D. 季胺

27. $NH_2CH_2CH_2NH_2$ 属于（　　）。

    A. 一元胺　　　　B. 二元胺　　　　C. 三元胺　　　　D. 胺盐

28. 偏三甲苯的结构是（　　）。

    A.　　　　　　B.　　　　　　C.　　　　　　D. $C_6H_3(CH_3)_3$

29. 在对单环芳烃的物理性质的叙述中不正确的是（　　）。

    A. 芳烃燃烧时火焰带有较浓的黑烟

    B. 芳烃不溶于水，在汽油、乙醚中有较好的溶解性

    C. 芳烃在二甘醇、环丁砜中有很好的溶解性，可用于芳烃的提纯

    D. 对二甲苯由于分子对称，因此熔点比邻二甲苯和间二甲苯的低

30. 在下列化合物中不属于芳香族含氮类化合物的是（　　）。

    A. 苯酚　　　　B. 苯胺　　　　C. 硝基苯　　　　D. 邻甲基苯胺

31. 属于芳伯胺化合物的是（　　）。

    A. 间苯二胺　　　　　　　　　B. N-甲基苯胺

    C. N-甲基-N-乙基-2-氯苯胺　　　D. 2-苯乙胺

32. 在下列化合物中属于芳香族含氮类化合物的是（　　）。

    A. 乙二胺　　　　B. 三甲基胺　　　　C. 苯胺　　　　D. 乙胺

33. 下列化合物中不属于酚的是（　　）。

    A.　　　　　　B.　　　　　　C.　　　　　　D.

34. 加快固体试剂在水中溶解时，常用的方法是（　　）。

    A. 用玻璃棒不断搅拌溶液　　　　B. 在溶液中用玻璃棒碾压固体试剂

    C. 静置溶液　　　　　　　　　　D. 将溶液避光存放

35. 判断配制的氯化铝溶液水解，最简便的方法是（　　）。

    A. 通过溶液的透光判定，若配制的溶液呈透明状，则说明溶液已水解

    B. 通过溶液的透光判定，若配制的溶液呈有气泡状，则说明溶液已水解

    C. 通过溶液的颜色判定，若配制的溶液呈黑色，则说明溶液已水解

    D. 通过溶液的颜色判定，若配制的溶液呈蓝色，则说明溶液已水解

36. 在配制氯化铝配制溶液时，为防止氯化铝发生水解常用的方法是（　　）。

    A. 将溶液加热　　　　　　　B. 在溶液中加铝片

    C. 用 1.0mol/L 盐酸先溶解氯化铝，然后用蒸馏水稀释

    D. 先用蒸馏溶解氯化铝，然后加 1.0mol/L 盐酸，但要注意控制酸的加入体积

37. 水银温度计的使用最高温度一般在（　　　　）。

    A. 100℃以下　　　　B. 200℃以下　　　　C. 300℃以下　　　D. 500℃以下

38. 某些化合物需要在常温下较快地干燥，可选择的干燥器是（　　　　）。

    A. 普通干燥器　　　　B. 棕色干燥器　　　　C. 真空干燥器　　　　D. 旋转干燥器

39. 在下列分析操作中（　　　　）是不属于必须用称量进行称量操作。

    A. 将氯化钡转化成硫酸钡后，通过称量硫酸钡质量，就可换算出氯化钡含量

    B. 称取一定量试样，在105～110℃烘至恒质，就可换算出试样中的水含量

    C. 称取一定量试样，在105～110℃烘30min，通过称量试样质量，就可换算出试样中的挥发分含量

    D. 在分析天平上称取0.2～0.3g的标准物

40. 在使用烧杯时应注意的事项是（　　　　）。

    A. 在烧杯中加浓硝酸后，不能加热烧杯，否则会造成烧杯严重腐蚀

    B. 在烧杯中加浓硫酸后，不能加热烧杯，否则会发生爆炸

    C. 在烧杯中加入稀碱后，多数情况下不能加热烧杯，以防止烧杯严重腐蚀

    D. 用氟硅酸钾法测定试样中的硅含量时不能使用玻璃烧杯

41. 对打开粘住的磨口瓶塞的操作叙述中正确的是（　　　　）。

    A. 将粘住的磨口瓶放到火中加热

    B. 将粘住的磨口瓶放到沸水中煮

    C. 用少量40～50℃蒸馏水加到粘住的磨口瓶磨口上，利用水的渗透作用，过5～10min则可将瓶盖打开

    D. 用吹风机的热风挡对着粘住的磨口瓶塞吹，利用玻璃热胀系数的不同，过3～5min则可将瓶盖打开

42. 对滴定管磨口配套修正的操作叙述中正确的是（　　　　）。

    A. 当两支滴定管均破损后，可将旋塞头配到其他滴定管上使用

    B. 由于滴定管磨口不配套，有时涂凡士林也解决不了漏水问题，这时可取少量的200号金刚砂放于旋塞上并蘸少量水，将旋塞插入后，用力旋转旋塞2～3圈后，将旋塞上的金刚砂洗净

    C. 由于滴定管磨口不配套，有时涂凡士林也解决不了漏水问题，这时可取少量的200号金刚砂放于旋塞上并蘸少量水，将旋塞插入后，用力旋转旋塞8～10圈后，将旋塞上的金刚砂洗净

    D. 由于滴定管磨口不配套，有时涂凡士林也解决不了漏水问题，这时可用布砂轮打磨旋塞

43. 对石英器皿使用温度的叙述中，正确的是（　　　　）。

    A. 石英器皿加热时，最高使用温度为500℃以下

    B. 石英器皿加热时，最高使用温度为800℃以下

    C. 石英器皿加热时，使用温度为1000℃以下，短时可加到1650℃

    D. 石英器皿加热时，使用温度为1100℃，短时可加到1400℃

44. 对铂金制品使用温度的叙述中，正确的是（　　　　）。

    A. 600℃以下　　　B. 600～800℃　　　　C. 800～900℃　　　D. 1000℃以上

45. 对外协样品流转程序的叙述中不正确的是（　　）。

　　A. 接到样品后，应认真与协作方协商检验项目和参照标准

　　B. 拿到样品后，应按厂内规定进行系统编号，然后将样品进行分发

　　C. 将样品分成两份，一份作留样处理放到留样室，一份作分析用

　　D. 分析人员在接到分析试样时，应认真查对试样，无误后才进行分析

46. 对外协样品流转程序中注意事项的叙述中不正确的是（　　）。

　　A. 在接外协样品时，要认真商讨参照标准和使用的仪器

　　B. 在接外协样品时，除商讨参照标准外，还应商讨检测项目和测量允差

　　C. 拿到样品后，应认真作好登记，记好外包装、协意方提供的试样量等信息

　　D. 将样品分成两份，一份作留样处理，放到留样室，一份作分析用

47. 对于流转试样处理的叙述正确的是（　　）。

　　A. 测定杂质含量，经确认测定杂质含量结果符合要求后，留样既可处理

　　B. 测定主含量，经确认测定主含量结果符合要求后，留样既可处理

　　C. 开完报告单，留样一般需保留三个月后，经确认无问题后，留样既可处理

　　D. 开完报告单，留样一般需保留十五个月后，经确认无问题后，留样既可处理

48. 分析实验室的二级水用于（　　）。

　　A. 一般化学分析　　B. 高效液相色谱分析　　C. 原子吸收光谱分析　　D. 分光光度分析

49. 分析实验室用二级水的制备方法是（　　）。

　　A. 一级水经微孔滤膜过滤　　　　　　　　B. 自来水通过电渗析器

　　C. 自来水通过电渗析器，再经过离子交换　　D. 自来水用一次蒸馏法

50. 分析实验室用水的阳离子检验方法为：取水样 10mL 于试管中，加入 2～3 滴氨缓冲溶液，2～3 滴铬黑 T 指示剂，如果水呈现蓝色，则表明（　　）。

　　A. 有金属离子　　B. 无金属离子　　C. 有氯离子　　D. 有阴离子

51. 分析实验室用水的氯离子检验方法为：取水样 10mL 于试管中，加入数滴酸化硝酸银水溶液摇匀，在黑色背景看溶液是否变（　　），如无氯离子应为无色透明。

　　A. 黑色浑浊　　B. 白色浑浊　　C. 棕色浑浊　　D. 绿色浑浊

52. 分析实验室用水的硫酸根离子检验方法为：取水样 100mL 于试管中，加入数滴（　　），滴加 10g/L 氯化钡 1mL，摇匀，在黑色背景看溶液是否变白色浑浊，如无硫酸根应为无色透明。

　　A. 盐酸　　　　B. 硝酸　　　　C. 硫酸　　　　D. 醋酸

53. 原子吸收光谱法所用的盐酸、硝酸应（　　）。

　　A. 用普通蒸馏法纯化　　　　　　　　B. 用亚沸蒸馏法纯化

　　C. 用活性炭吸附处理　　　　　　　　D. 用紫外灯灭菌

54. 二级标准碳酸钠用前应在 270～300℃灼烧（　　）。

　　A. 2～3 小时　　B. 恒重　　C. 半小时　　D. 5 小时

55. 二级标准邻苯二甲酸氢钾用前应在 105～110℃灼烧（　　）。

　　A. 2～3 小时　　B. 恒重　　C. 半小时　　D. 5 小时

56. 二级标准草酸钠用前应在 105～110℃ 灼烧（　　）。

A. 2～3 小时　　　　B. 恒重　　　　C. 半小时　　　　D. 5 小时

57. 二级标准重铬酸钾用前应在（　　）灼烧至恒重。

A. 250～270℃　　B. 800℃　　　　C. 120℃　　　　D. 270～300℃

58. 玻璃容器是以 20℃ 为标准进行校准的，但使用时不一定在 20℃，因此（　　）。

A. 器皿的容量及溶液的体积都将发生变化

B. 只有器皿的容量发生变化

C. 只有溶液的体积发生变化

D. 器皿的容量及溶液的体积都不会发生变化

59. 在 21℃ 时由滴定管放出 10.03mL 水，其质量为 10.04g。已知 21℃ 时，每 1mL 水的质量为 0.99700g，则 21℃ 时其实际容积为 10.07mL。此管容积之误差为（　　）。

A. －0.04mL　　　B. 0.04mL　　　C. 0.03mL　　　D. －0.03mL

60. 容量瓶的校正方法（　　）。

A. 只有绝对校正一种　　　　　　　　B. 只有相对校正一种

C. 只有温度校正一种　　　　　　　　D. 有绝对校正和相对校正两种

61. 若 20℃ 时，某移液管的容积是 10.09mL，20℃ 时该移液管放出的水重为 10.07g。则 20℃ 时水的密度是（　　）。

A. 0.99839g/mL　　　B. 0.99707g/mL　　　C. 0.99754g/mL　　　D. 0.99889g/mL

62. 称量重铬酸钾 0.1667g，准至 0.02mg，定容在 1000mL 容量瓶中，则应使用（　　）。

A. 托盘天平，最大载荷 200g

B. 托盘天平，最大载荷 1g

C. 电子天平，最大载荷 2g，分度值 0.02mg

D. 电子天平，最大载荷 200g，分度值 0.1mg

63. 高压气体采样时应先（　　）至略高于大气压，再取样。

A. 减压　　　　B. 调高压力　　　　C. 纯化　　　　D. 降温

64. 采集高压样品时应先减压，再采样。减压工具中不包括（　　）。

A. 冷阱　　　　B. 调压器　　　　C. 针阀　　　　D. 节流毛细管

65. 采集高压气体的金属钢瓶通常可以分为不锈钢瓶、碳钢瓶。一般采集 950℃ 的气体应采用（　　）。

A. 玻璃采样器　　B. 铝合金钢瓶　　C. 不锈钢瓶　　D. 碳钢瓶

66. 如果产品中存在沉淀层，则应（　　）。

A. 搅拌均匀后取样　　　　　　　　B. 沉淀完全沉降后取样

C. 取上层清液做样品　　　　　　　D. 取沉淀层做样品

67. 由于不均匀产品使用前必须混匀，如果物料在大贮槽中，则贮槽中应有（　　）。

A. 机械混合设备　　　　　　　　　B. 采样口

C. 采样容器　　　　　　　　　　　D. 加温装置

68. 液化气体的采样钢瓶一般经过符合规定压力实验的（   ）和规定压力的（   ）后方准使用。

A. 加温实验、气密性实验　　　　B. 水压实验、气密性实验

C. 加温实验、水压实验　　　　　D. 加温实验、加压实验

69. 液化气体采样时首先要冲洗导管和采样器，单阀形采样钢瓶在冲洗前，可经连接在排出阀上的真空抽气系统进行适当的（   ），以利冲洗的顺利进行。

A. 减压　　　　B. 加压　　　　C. 降温　　　　D. 加温

70. 煤量不足 300t 时，炼焦用精煤、其他洗煤及粒度大于 100mm 的块煤应采取的子样数目最少为（   ）。

A. 18 个　　　　B. 3 个　　　　C. 5 个　　　　D. 6 个

得　分	
评分人	

二、判断题（第 71 题～第 100 题。将判断结果填入括号中。正确的填 "√"，错误的填 "×"。每题 1 分，满分 30 分。）

71. （　　） 因为氨水易挥发，所以在称量时，应将试样装入滴瓶采用减量法进行称量。

72. （　　） 对于有腐蚀性的液体试样的称量，应根据其性质选择称量容器，避免材质中含有能与试样作用的物质。

73. （　　） 在称量固体试样时，一般可用直接称量或减量法称量而不用指定质量称量。

74. （　　） 利用酸碱滴定法对石灰石中的碳酸钙进行分析应采用返滴定法。

75. （　　） 用 $c(\text{Na}_2\text{CO}_3)=0.1000\text{mol/L}$ 的 Na_2CO_3 溶液标定 HCl，其基本单元的浓度表示为 $c(\frac{1}{2}\text{Na}_2\text{CO}_3)=0.05000\text{mol/L}$。

76. （　　） 配制好 EDTA 标准溶液应贮存于聚乙烯塑料瓶或硬质玻璃瓶中。

77. （　　） 在测定水的钙硬度时，以钙指示剂指示终点，则滴定终点溶液颜色为红色。

78. （　　） 两种离子共存时，通过控制酸度选择性滴定被测金属 M 离子应满足的条件是：$\lg K'_{MY}-\lg K'_{NY}\geqslant 5$。

79. （　　） 高锰酸钾在任何介质中都得到 5 个电子，它的基本单元总是为 $\frac{1}{5}\text{KMnO}_4$。

80. （　　） 高锰酸钾在强酸性介质中氧化具有还原性物质，它的基本单元为 $\frac{1}{5}\text{KMnO}_4$。

81. （　　） 直接碘量法主要用于测定具有较强还原性的物质，间接碘量法主要用于测定具有氧化性的物质。

82. （　　） 莫尔法中，由于 Ag_2CrO_4 的 $K_{sp}=2.0\times10^{-20}$，小于 AgCl 的 $K_{sp}=1.8\times10^{-10}$，因此在 CrO_4^{2-} 和 Cl^- 浓度相等时，滴加 AgNO_3，Ag_2CrO_4 首先沉淀出来。

83. （　　） 莫尔法适用于能与 Ag^+ 形成沉淀的阴离子的测定如 Cl^-、Br^- 和 I^- 等。

84. （　　） 用法杨司法测定 Cl^- 含量时，以二氯荧光黄（$K_a=1.0\times10^{-4}$）为指示剂，溶液的 pH 值应大于 4，小于 10。

85. （　　）佛尔哈德法是以铬酸钾为指示剂的一种银量法。

86. （　　）分光光度计的检测器的作用是将光信好转变为电信号。

87. （　　）当显色剂有色，且样品中有有色成分干扰测定时，可在一份试液中加入适当的掩蔽剂将被测组分掩蔽起来，然后加入显色剂和其他试剂，以此作为参比溶液。

88. （　　）在分光光度计的使用过程中，如果改变波长或改变灵敏度档，均应重新调"0"调"100％"。

89. （　　）酸度计测定溶液的pH值时，使用的指示电极是氢电极。

90. （　　）在电位滴定中，终点附近每次加入的滴定剂的体积一般约为0.10mL。

91. （　　）用钠玻璃制成的玻璃电极在pH值为0～14范围内使用效果最好。

92. （　　）酸度计测定溶液的pH值时，使用的指示电极是玻璃电极。

93. （　　）在电位滴定中，终点附近每次加入的滴定剂的体积一般约为0.10mL。

94. （　　）玻璃电极在初次使用时，一定要在蒸馏水或0.1mol/L HCl溶液中浸泡24h以上。

95. （　　）电位滴定分析重点是终点体积的确定，可根据电位滴定（数据）曲线进行分析。

96. （　　）测定结果的平均偏差为各次测量结果与平均值的差值的平均值。

97. （　　）极差一般等于平均偏差乘以测量次数。

98. （　　）对照试验是检验系统误差的有效方法。

99. （　　）在填写报告单时，如果杂质含量在规定的仪器精度或实验方法下没有检测出数据，可以"无"的方式报出。

100. （　　）常用的滴定管、吸量管等不能用去污粉进行刷洗。

参考答案

一、单项选择

1. B	2. B	3. B	4. C	5. D	6. D	7. B	8. A	9. D	10. B
11. D	12. D	13. B	14. D	15. C	16. D	17. B	18. B	19. B	20. B
21. A	22. D	23. A	24. B	25. A	26. B	27. B	28. B	29. D	30. D
31. A	32. C	33. C	34. A	35. B	36. C	37. C	38. C	39. A	40. D
41. C	42. B	43. D	44. C	45. B	46. A	47. C	48. C	49. C	50. D
51. B	52. D	53. B	54. B	55. B	56. B	57. C	58. A	59. B	60. D
61. A	62. C	63. A	64. A	65. C	66. A	67. A	68. B	69. A	70. D

二、判断题

71. ×	72. √	73. √	74. √	75. ×	76. √	77. ×	78. ×	79. ×	80. √
81. √	82. ×	83. ×	84. √	85. √	86. √	87. √	88. √	89. ×	90. √
91. ×	92. ×	93. √	94. √	95. √	96. ×	97. ×	98. √	99. ×	100. √

任务二 熟悉化学分析检验工（中级）实际操作样题

注意事项：

1. 本试题为操作题。考试时间：**90min**，超过 **30min** 停考。

2. 请首先按要求在试卷的标封处填写您的姓名、准考证号和所在单位的名称。

3. 请仔细阅读各种题目的回答要求，在规定的位置填写您的答案。

4. 不要在试卷上乱写乱画，不要在标封区填写无关的内容。

题目 A：氢氧化钠标准溶液的制备和工业乙酸含量的测定

一、考核要求

1. 仪器设备清洁干净、堆放整齐；2. 操作规范；3. 测定读数必须迅速、准确；

4. 结果计算准确；5. 原始记录完整；6. 完成速度符合要求。

二、测定步骤

1. 在托盘天平上用烧杯迅速称取 1.0g 氢氧化钠，用蒸馏水溶解后，转移到试剂瓶中，稀释至 500mL，盖上瓶塞、摇匀，贴上标签待标定。

2. 差量法称取基准邻苯二甲酸氢钾 1.0g（称准至 0.0002g），于烧杯中，加蒸馏水溶解后，转移至 100mL 干净的容量瓶中，洗涤玻璃棒及小烧杯三次，把洗涤液一并转入 100mL 容量瓶中，定容后待用。

3. 量取配置好的邻苯二甲酸氢钾溶液 25mL 于 250mL 锥形瓶中，加 2～3 滴酚酞指示剂，用配制好的氢氧化钠溶液滴定至溶液呈浅粉红色 30s 不褪为终点。平行测两次，并做空白。

4. 用吸管吸取工业乙酸试样 1.00mL，放入预先装有 100mL 蒸馏水的 250mL 容量瓶中，定容后待测定。

5. 量取配置好的工业乙酸溶液 25mL 于 250mL 锥形瓶中，加 2～3 滴酚酞指示剂，用氢氧化钠标准滴定溶液滴定至溶液呈浅粉红色 30s 不褪为终点。平行三次。

三、结果计算

1. 氢氧化钠标准溶液浓度的计算，按下式计算：

$$c(NaOH) = \frac{m/4}{(V-V_0) \times 204.2}$$

式中　$c(NaOH)$——氢氧化钠标准滴定溶液的实际浓度，mol/L；

m——基准邻苯二甲酸氢钾的质量，g；

V——标定消耗氢氧化钠标准滴定溶液的体积，L；

V_0——空白消耗氢氧化钠标准滴定溶液的体积，L；

204.2——邻苯二甲酸氢钾（$KHC_8H_4O_4$）的摩尔质量，g/mol。

2. 乙酸溶液含量的测定

$$\rho(\text{HAc}) = \frac{c(\text{NaOH})V_1 \times 60.06}{V/10}$$

式中　$c(\text{NaOH})$——氢氧化钠标准滴定溶液的实际浓度，mol/L；

$\quad\quad\quad V_1$——滴定醋酸溶液消耗氢氧化钠标准滴定溶液的体积，mL；

$\quad\quad\quad 60.06$——醋酸的摩尔质量，g/mol；

$\quad\quad\quad V$——所取醋酸溶液的体积（配置时），mL；

$\quad\quad\quad \rho(\text{HAc})$——醋酸溶液的含量，g/L。

3. 平行测定的相对平均偏差

$$相对平均偏差 = \frac{\dfrac{\sum\limits_{i=1}^{n}|W_i - \overline{W}|}{n}}{\overline{W}} \times 100\%$$

式中　W_i——单次测定值；

$\quad\quad\quad \overline{W}$——测定值的平均值；

$\quad\quad\quad n$——测定次数。

题目 A：氢氧化钠标准溶液的制备和工业乙酸含量的测定评分细则表

考生姓名_____　　准考证号_____　　得分_____

一、要求

数据准确、精密度好，操作规范，较熟练，分析速度符合要求。

二、分数划分及评分标准

序号	项目及分配	评分标准								扣分情况记录	得分
1	氢氧化钠标准溶液浓度的测定（15分）	与准确浓度相对偏差≤(%)	0.4	0.5	0.6	0.7	0.8	1.0	>1.0		
		扣分标准(分)	0	2	4	6	8	10	15		
2	醋酸含量的测定允许偏差（15分）	相对平均偏差≤(%)	0.4	0.5	0.6	0.8	>0.8				
		扣分标准(分)		5	8	12	15				
3 允许扣成负分	完成测定时限（10分）超时扣分，每分钟扣1分，30min后停考	超过时间≤min	0:00	0:10	0:20	>0:30					
		扣分标准(分)	0	10	20	停考					
4	操作分数(50分)操作分扣完为止，不进行倒扣	1. 称量时每个犯规动作扣0.5分，重复犯规，允许累计扣分 2. 容量仪器清洗不清洁，每件扣2分 3. 估计称量数据及称量最终数据，超过±5%，各扣2.5分 4. 每重称一只扣3分									

序号	项目及分配	评分标准	扣分情况记录	得分
4	操作分数(50分)操作分扣完为止,不进行倒扣	5. 定容过头或不到扣 2 分/次(包括容量瓶和滴定管) 6. 定容错误扣 5 分 7. 滴定管使用不正确扣 1~5 分(最多扣 5 分) 8. 重新滴定一只扣 5 分 9. 滴定终点过头,扣 2 分/次(不超过 1 滴) 10. 滴定前没有排气泡扣 2 分/次 11. 计算中有错误每处扣 5 分(出现第一次时扣,受其影响而错不扣) 12. 读数错误,2 分/次 13. 数据中有效位数不对或修约错误每处扣 1 分 14. 记录单上该填的项空下来 1 分/项 15. 损坏仪器,每件扣 5 分 16. 缺偏差,扣 5 分 17. 没有计算过程的扣 15 分		
5	原始记录(5分)	原始记录不及时记录扣 2 分;原始数据记在其他纸上扣 3 分;非正规改错扣 1 分/处;原始记录中空项扣 2 分/处		
6	实验结束工作(5分)	1. 考核结束,仪器清洗不洁者扣 5 分 2. 考核结束,仪器堆放不整齐扣 1~5 分		
7	否决项	滴定管读数,称量数据未经监考老师同意不可更改,在考核时不准进行讨论等作弊行为发生,否则作 0 分处理。不得补考		

监考老师签字:_____   审核考老师签字:_____
　年　月　日　　　　　　　　　　　　　　　年　月　日

题目 B:碳酸钙含量的测定

一、考核要求

1. 仪器设备清洁干净、堆放整齐;2. 操作规范;3 测定读数必须迅速、准确;4. 结果计算准确;5. 原始记录完整;6. 完成速度符合要求。

二、测定步骤

用天平称取 0.15g 碳酸钙试样,精确至 0.0001g,置于 250mL 锥形瓶中,用 2mL 水调湿,滴加 20%盐酸溶液至试样全部溶解,加 50mL 去离子水和 5mL 30%的三乙醇胺溶液,用乙二胺四乙酸二钠标准滴定溶液 $[c(EDTA)$ 约为 0.05mol/L] 滴定(浓度由考核站标定好),标准滴定溶液消耗至 25mL 时,加 5mL 浓度为 100g/L 的氢氧化钠溶液和 10 滴 0.05mol/L 钙指示剂,继续用 EDTA 标准滴定溶液滴定至溶液由红色为纯蓝色。进行平行测定三次同时做空白试验。并进行滴定管体积校正和溶液温度的体积校正。

三、结果计算

1. 碳酸钙含量以质量分数 w 计,数值以%表示,按下式计算:

$$w = \frac{c \times (V - V_0) \times 0.1001}{m} \times 100\%$$

式中 c——EDTA 标准滴定溶液浓度的准确数值，mol/L；

        V——测定试样消耗 EDTA 标准滴定溶液体积的准确数值，mL；

        V_0——空白试验消耗 EDTA 标准滴定溶液体积的准确数值，mL；

        m——试样质量的准确数值，g；

 0.1001——与 1.00mL EDTA 标准滴定溶液浓度为 1.000mol/L 相当的，以克表示的碳酸钙的质量，g。

    取平行测定结果的算术平均值为试样的含量。

    2. 平行测定的相对平均偏差。

$$相对平均偏差 = \frac{\frac{\sum\limits_{i=1}^{n}|W_i - \overline{W}|}{n}}{\overline{W}} \times 100\%$$

式中 W_i——单次测定值；

        $\overline{W}$——测定值的平均值；

        n——测定次数。

题目 B：碳酸钙含量的测定评分细则表

    考生姓名_____ 准考证号_____   得分_____

一、要求

    数据准确、精密度好，操作规范，较熟练，分析速度符合要求。

二、分数划分及评分标准

序号	项目及分配	评分标准								扣分情况记录	得分
1	未知样浓度的准确度（30分）	与准确浓度相对偏差≤（%）	0.3	0.4	0.5	0.6	0.7	0.8	>0.8		
		扣分标准（分）	0	3	5	10	15	20	30		
2	未知样浓度的允许差（10分）	相对平均偏差≤（%）			0.3	0.4	0.5	0.6	>0.6		
		扣分标准（分）			0	2.5	5	7.5	10		
3	完成测定时限（10分） 超 35min 停考	超过时间≤min	0：00		0：15		0：30		>0：30		
		扣分标准（分）	0		3		6		10		
4	操作分数（40分） 操作分扣完为止，不进行倒扣	1. 每个犯规动作扣 0.5 分，重复犯规，最多扣 1 分 2. 容量仪器清洗不清洁，每件扣 2 分 3. 估计称量数据及称量最终数据，超过±5%，各扣 2.5 分 4. 每重称一只扣 5 分 5. 定容过头或不到 2 分 6. 重新滴定一只扣 5 分 7. 滴定终点过头，用扣体积来校正，扣 2 分（不超过 1 滴）									

序号	项目及分配	评分标准	扣分情况记录	得分
4	操作分数(40分) 操作分扣完为止,不进行倒扣	8. 若计算中未进行温度校正或滴定管体积校正,扣2分 9. 计算中有错误每处扣5分(出现第一次时扣,受其影响而错不扣) 10. 数据中有效位数不对或修约错误每处扣0.5分 11. 损坏仪器,每件扣5分 12. 缺偏差扣5分		
5	原始记录(5分)	原始记录不及时记录扣2分;原始数据记在其他纸上扣5分;非正规改错扣1分/处;原始记录中空项扣2分/处		
6	实验结束工作(5分)	1. 考核结束,仪器清洗不洁者扣5分 2. 考核结束,仪器堆放不整齐扣1~5分		
7	否决项	滴定管读数,称量数据未经监考老师同意不可更改,在考核时不准进行讨论等作弊行为发生,否则作0分处理。不得补考		

监考老师签字_____   审核考老师签字:_____
　年　　月　　日   年　　月　　日

参 考 文 献

［1］ 林日尧．化学基础实验．北京：石油工业出版社，2006.

［2］ 丁敬敏．化学实验技术．北京：化学工业出版社，2006.

［3］ 李朴，古国榜．无机化学实验．第3版．北京：化学工业出版社，2011.

［4］ 袁天佑，吴文伟，王清．无机化学实验．上海：华东理工大学出版社，2005.

［5］ 赵新华．化学基础实验．北京：高等教育出版社，2004.

［6］ 刘立行．仪器分析．北京：中国石化出版社，2003.

［7］ 徐甲强，孙淑香．无机及分析化学实验．北京：海军出版社，1999.

［8］ 朱银惠．煤化学．北京：化学工业出版社，2005.